KB245511

커뮤니티 디자인

| 건축 · 도시 · 지역 경관디자인 |

커뮤니티 디자인

건축 · 도시 · 지역 경관디자인

2012년 8월 25일 초판 인쇄
2012년 8월 30일 초판 발행

지은이 ｜ 정건채
발행처 ｜ 남서울대학교 출판국
발행인 ｜ 공정자
주소 ｜ 충남 천안시 서북구 성환읍 매주리 21
전화 ｜ 041) 580-2000
팩스 ｜ 041) 580-2303
홈페이지 ｜ www.nsu.ac.kr
ISBN ｜ 978-89-6324-233-0(93540)

값 20,000원

커뮤니티 디자인

| 건축 · 도시 · 지역 경관디자인 |

Community Design

정건채 지음

남서울대학교 출판국

본서는 건축과 도시와 지역이 상호 분리된 것이 아니라 서로 상관하며, 어떠한 관계를 형성해야 하는지에 관한 윤리적, 공공적 디자인의 관점과 설계방법을 기술하였다. 저술의 계기는 관계보다는 부분을 강조하고, 이성과 합리에로의 접근방식을 지향했던 종전의 설계방식에서 다소 벗어나 이성과 감성이 공존하고, 부분과 전체가 공유하며, 그리고 도시와 농촌(전원)지역이 균형을 이루는 상생적 관계의 디자인이 무엇일까를 고민하면서부터 시작되었다.

마침 2000년 이후 우연한 기회에 전국을 돌며, 특히 일본과 유럽, 그리고 북미의 안식년 체류기회를 맞이하여 커뮤니티디자인사례를 다방면으로 체험하였다. 마치 잔잔한 가슴에 파문이 일듯 윤리적 디자인Ethical Design의 필요성에 확신이 생겼던 터라 커뮤니티디자인에 있어서 적어도 아래와 같은 사항이 강조되어야 한다고 생각했다.

- 부분과 전체가 상호 존중되고, 조화를 이루어야 한다.
- 도시와 농촌(전원)지역이 상호 균형을 이루어야 하며, 각각의 아이덴티티를 표출해야 한다.
- 과거와 현재와 미래가 서로 공존의 질서를 유지해야 한다.

이상의 원칙이 어느 정도 지켜지면 우리가 살아가는 커뮤니티는 보다 양호한 경관을 얻을 것으로 여겨진다.

서양에 비해 컬렉티비즘Collectivism이 강한 우리는 커뮤니티디자인을 통합적으로 보다 더 아름답게 만들어갈 수 있을 것이라는 보편적 인식과는 달리 경우에 따라 부분이 너무 강조되거나, 개발에만 치중하다보니 결국, 양호한 커뮤니티의 경관을 얻어내지 못하는 결과를 초래하는 사례를 종종 보게 된다.

따라서 본서는 커뮤니티디자인에 있어서 어떻게 하면 보다 부분이 존중되면서도 전체가 아름다운 커뮤니티를 만들 수 있을까?에 대한 고민으로부터 시작하였기 때문에 『건축·도시·지역』이 담아야 할 대표적인 윤리적 디자인의 방법과 활성화방안들을 요소별로 구체적으로 찾아보았다. 그리고 세부적으로 어떻게 디자인해야 하는지 그 디테일Detail에 관한 이론과 실제를 사례(그림)를 들어 설명하고 있다. 바램은 대학에서 건축과 도시, 또는 디자인을 전공하는 학생과 공공디자인의 실무를 관장하는 공무원들에게 조그만 도움이 되었으면 한다.

그간 본서를 엮어낼 수 있도록 도움을 주신 주님께 먼저 감사드린다. 무엇보다 물심양면으로 후원해주신 남서울대학교 공정자총장님과 김원곤 출판국장님께 감사드리고, 집필에 용기를 준 샨 마이클 교수(Dr. Sean Michael, CELA회장 겸 USU 건축조경디자인학과 학과장)에게 진심으로 감사드린다. 끝으로 항상 기도로 뒷바라지해준 사랑하는 아내 이영희건축사와 CFS에 있는 아들 찬우, 그리고 에스더와 같은 딸 주은에게 고마움을 표하며, 자료정리에 도움을 준 사랑하는 제자들에게도 감사의 말을 전한다.

2012년 8월
성산골 연구실에서

5 마을만들기 · 커뮤니티의 활성화 195

COMMUNITY DESIGN

1

커뮤니티의 변화와 흐름
A Change and Flow of Community

커뮤니티의 과거 · 현재 · 미래(過去 · 現在 · 未來)

OLD, CONTEMPORARY, AND NEW COMMUNITY

인간이 살아가는 기본요소는 '의, 식, 주' 3요소이다. 이중에서 주住는 지리적, 문화적, 경제적, 정서적 조건인 환경적 요소를 배경으로 선택되어지기 때문에 현대인들에게 있어 어디서 어떻게 살 것인가는 중요한 문제가 되고 있다.

전통적 개념으로 본 주거지는 '기후와 풍토'에 바탕을 두고 자연에 순응하듯이 만들어졌다. 즉, 자연에 거슬리지 않고도 일상생활과 위계적 질서를 유지하데 큰 무리가 없었다. 수백 년 동안 내려오는 마을 속에서 공동체로 살아왔던 인간의 삶의 방식들은 커뮤니티의 고유한 문화로 고착되었고, 각각의 전통들이 통합되어 지역의 독특한 유무형의 고유문화를 형성하였기 때문에 나름대로 소위 문화권Cultural Area을 만들어내므로 지역의 아이덴티티Identity를 표출하였던 것이다.

한편, 지식정보화사회에 살아가는 현대인들은 아날로그보다는 디지털문화를, 시지각적 공간보다는 눈에 보이지 않는 사이버공간Cyber Space을, 동심원 혹은 방형보다는 선형패턴을, 수평적 너비보다는 수직적 밀도를, 지역사회보다는 도시 · 글로벌Global사회를 더 선호하는 경향이 강하다. 현대커뮤니티가 합리성과 편리성, 그리고 지식기반의 정보화와 도시화의 표상이라면 앞으로 미래커뮤니티의 패턴 역시 어떻게 진보해나갈 지 그 미래상을 상상해 보는 것은 그렇게 어렵지 않을 것이지만, 이러한 거역할 수 없는 현대문명의 거대한 흐름 속에서도 고유한 문화를 유지하고, 아름다운 행복을 찾아서 개인과 공동체의 삶의 질Quality of Life과 가치Value를 동시에 존중해주는 커뮤니티가 현대를 살아가는 우리에게 더욱 소중히 여겨지고 있다. 즉, 변화의 흐름과 수용차원을 넘어 타 커뮤니티에 긍정의 공간이 되어주는 공존의 커뮤니티가 요구되는 것이다.

지형의 단면형태로 본 커뮤니티의 패턴을 살펴보면 다음과 같다.

평지(평야)형

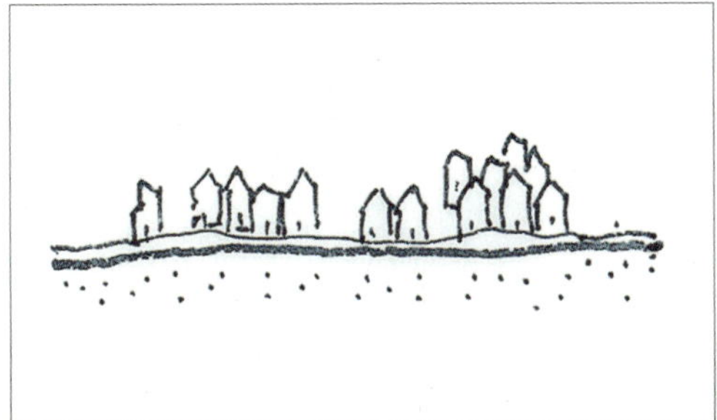

평야전원마을, Canada
광활한 평지나 평원, 평야농촌지역에 마을을 조성하는 커뮤니티로 여기서는 목초지가 펼쳐져 있는 방목지의 마을이다. 지평선을 유지하는 것은 평지커뮤니티의 경관적 매력이 된다. 지평선을 깨뜨리는 육중한 매스로써의 건축물들을 보라. 전체보다 부분이 강조되는 비순응의 경관을 나타낼 것이다.

경사지(준산간)형

터키 중동부 준산간마을

전통적으로 포도농사를 지어온 경사지 마을이다. 마을의 역사
만큼 수많은 에피소드를 담고 있다. 아름다운 경사지마을의
경관미와 전통미를 느낄 수 있다.

터키의 에게해에 면한 해안가

언덕에 건설된 경사지마을이다. 경사지를 활용하여 마을을 형
성하였기 때문에 조망과 경관이 매우 양호하다. 휴양과 거주
성을 강조한 마을이다.

지하도시형

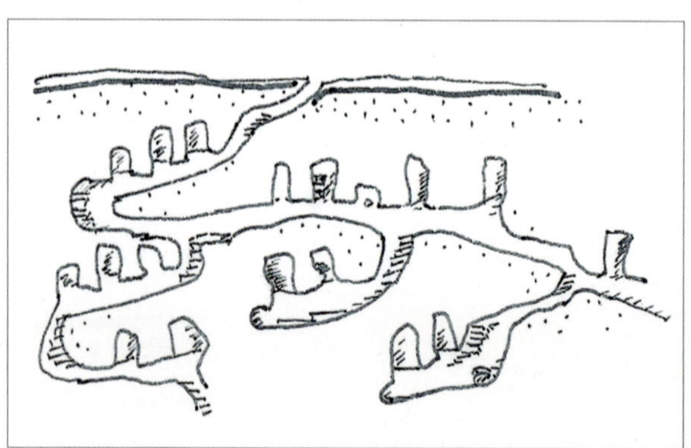

지하도시의 통로공간, Cappadocia, Anatolia, Turkey

각 주호가 연결통로(최장 9km)를 통해 연결, 배치되어 있다. 일실형으로 된 주거공간은 벽에 수납 등 필요공간을 만들어 생활하였
다. 독특한 공간의 질서를 부여하였다. 지하도시내에 기독공동체의 교회, 무덤, 우물, 환기시설 등 협소공간임에도 불구하고 필요한
시설들을 질서정연하게 설치하여 생활하였다. 신앙공동체였기에 가능한 지하커뮤니티였다.

수상(水上)형

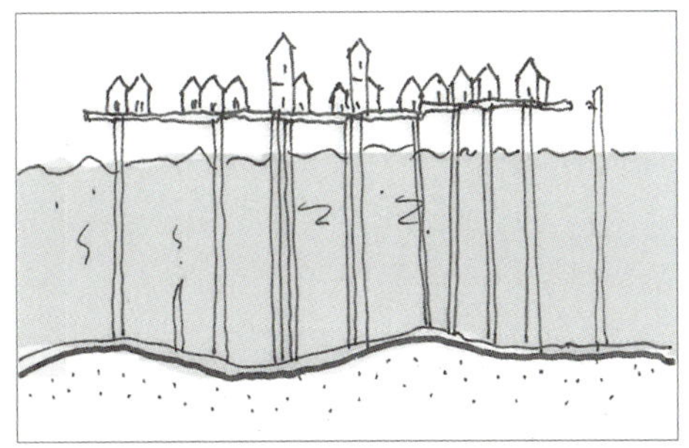

수상주거, Philippine

수상주거는 필리핀의 전통적 주거유형 중의 하나
이지만 최근에는 전통적인 생활패턴의 유지라기
보다 경제적 이유로 도시근교 지역으로 발달하고
있다. 잦은 태풍 때문에 위험에 노출되어 있다.

고상식(高床式)[1] 수상(樹上)형

나무 위의 집, Timor, Indonesia[2]

부족 간의 전쟁 시 방어적 주거
로 지어진 나무위의 집은 밀림
지역에서 맹수와 해충으로부터
지혜롭게 보호하는 방법이기도
하다. 수상형주거는 인도네시
아의 티모르 섬이나 파푸아 뉴
기니(Papua New Guinea)
지역에 많이 분포하고 있다.
흔히 현대주거에서 트리 하우
스(Tree House)로 응용되기
도 하는 수상주거는 완벽한 에
코하우스(Eco-House)이다.

토라자족의 주거, Toraja House, Indonesia

땅에서 1.5m정도 올려 지었다. 지붕의 볼륨이 마치 배와 같은 모양
으로 형상화된 것은 수상문화와 부족의 정신 및 용맹성을 반영한 것
이다. 주택형태는 기후와 풍토 외에도 민족(부족)의 문화와 역사와
밀접한 관계가 있다는 것을 말해준다.

---

1   고상식(高床式) 주거: 지면으로부터 약 1.5m전후로 올려지은 집으로 고온다습지역에서 많이 볼 수 있다. 습기, 맹수와 벌레
     로부터 보호하기 위해, 주거의 안전성과 쾌적성을 확보하기 위한 지혜의 주거이다.
2   인도네시아 국립박물관

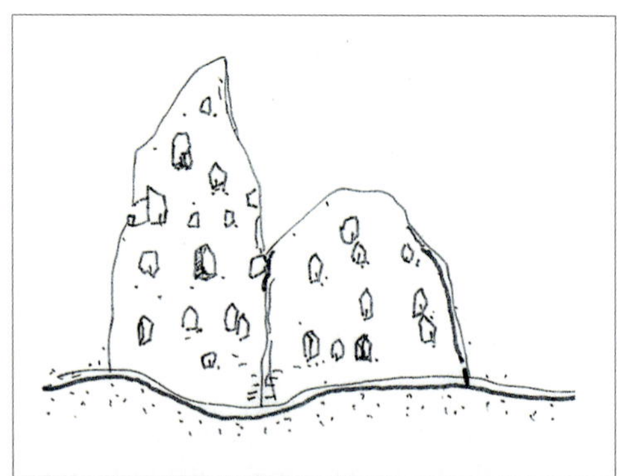

바위 동굴 주거, Derinkuyu, Turkey

'깊은 우물'이라는 뜻의 터어키 데린구유에는 바위들이 풍화작용에 의해 버섯모양이나 솟은 바위처럼 생긴 다양한 동굴주거가 있다. 로마의 기독교 박해를 피해서 초기기독교인들은 바위에 동굴주거를 만들었는데 비록 협소한 동굴주거이지만 커뮤니티를 위한 교회와 공동 식사실, 학교, 카타콤 등을 설치하여 공동체의 신앙심과 전통을 지켰다. 커뮤니티의 조성에 있어서 외부적 요인이 얼마나 중요한지, 그럼에도 불구하고 공동체의식이 반영되고 있다는 사실은 아무리 강조해도 지나치지 않을 것이다.

근대 이상도시(近代 理想都市)
Modern Ideal Cities

도시사적으로 본 근대도시Modern City는 '산업화와 도시화'라는 거스를 수 없는 문명의 힘에 의해서 계획적 혹은 이상적으로 탄생하였기에 중요한 의미를 갖고 있다. 기존의 근대도시들은 산업화의 흐름에 편승하여 도시구조를 재편하고 현대도시를 예견하는 자세를 취하였다. 19C말 당시 건축가, 도시계획가, 사회개혁가 등이 만들어낸 이상도시Utopia이론들은 사회문제를 최상으로, 계획적으로 해결하고자 인간의 삶을 마치 낙원과 같은 공동체적 생활로 묘사하였다.

이러한 이론들은 현대도시계획에 적지 않게 영향을 주었는데, 유럽과 미국을 중심으로 주요 근대도시계획과 연계하여 그 대표적인 주요 이론들을 연도별로 살펴보면 다음과 같다.3

---

3   日本都市計劃學會編,『近代都市計劃の 百年と その 未來』, Shokokusa, 1988, pp.14~25, 참조하여 재구성함.

근대도시의 주요 계획과 이론

미국	연도	유럽
워싱턴D · C. 계획안(P.C.L'Enfant)	1791	
	1851	런던 박람회 개최
센트럴파크계획안(F.L.Olmsted)	1858	
	1860	파리시역 확장
	1867	파리 박람회 개최
	1875	영국의 공중위생법
보스톤, 프랭크린공원입안(F.L.Olmsted)	1885	
	1889	지테의 '예술 관점으로부터의 도시계획'
	1890	영국의 공중위생법, 노동자계급주거법 공포
시카고, 컬롬비아 세계박람회 개최	1893	
	1984	런던 건축기준법 공포
	1894	프랑스의 저가임대주택법 제정
보스턴 건물높이제한조례 공포	1898	영국, 에베네셀 하워드의 'Tomorrow'출간
	1899	영국, 전원도시협회설립
	1900	파리 박람회 개최(그랑빨레, 뿌띠빨레 건설)
상원파그위원회 센터럴 워싱턴계획입안	1901	
	1902	파리 건축법 제정, 프로이센경관보전법 공포
클리블랜드계획입안(D.Burnham)	1903	영국, 리치워쓰착공
	1904	가르니에의 '공업도시'안 공표
샌프란시스코계획안(D.Burnham)	1905	
	1906	영국, 함스테드 전원교외법 제정
시카고계획입안(D.Burnham), 로스앤젤레스 토지이용조닝 조례, 공포, 하바드대학 미국 최초로 도시계획코스 개설	1909	영국, 주택, 도시계획법 제정, 어윈의 '도시 계획의 실제' 출간, 리버플대학에 시빅디자인 강좌 설립, '타운프랜닝 리치워쓰' 출간
뉴저지주 토지조성규제 공포	1913	프랑스, 역사적 건조물보존법 제정
뉴욕시 조닝조례 공포	1916	
미국 도시계획가협회(AIP)설립	1917	
	1919	프랑스, 도시계획법 제정
	1920	영국, 웰윈 착공
뉴욕 및 주변지역계획 입안, 미국 지역계획협회(RPAA)설립	1923	
	1925	영국, 주택법, 도시계획법 분리
C.페리의 근린주구이론 발표, 레드번 주택지 건설	1928	
	1929	독일, CIAM, 프랑크푸르트 '최소한 주거'
	1930	프랑스, 경관지법 제정
	1932	영국, 도시농촌계획
	1933	CIAM 제4차회의, '아테네헌장' 채택
	......	

근대이상도시의 형태(近代理想都市의 形態)
The Community Pattern of Modern Ideal Cities

역사적으로 거슬러 올라가면 인간이 집단을 형성하고 공동체를 형성하면서 살기 좋은 최고의 이상향
理想鄕을 그리며, 아름다운 마을을 만들고자 했던 계획들을 찾아 볼 수 있다. 비록 현실화시키지는 못했
지만 유토피아Utopia를 그리고자 했던 많은 계획안들을 찾아 볼 수 있다.

실제적으로 이상도시에 대한 제안은 르네상스Renaissance시기부터 간간히 있어 왔으나 산업혁명産業革
命이후 본격적으로 제안되었다. 도시의 급속한 팽창으로 도시커뮤니티가 갖고 있는 문제를 보다 합리
적이고, 이상적으로 해결하며, 보다 편리하게 도시를 계획하고자 했던 계획가들로 하여금 다양한 이
론들을 제안하게 하였다. 영국의 산업혁명 이후 근대 유럽의 농촌인구는 도시로 이동하여 농촌의 과
소화현상을 야기한 반면 도시는 인구의 과밀현상과 열악한 주거수준을 보였다. 도시근로자의 열악한
주거환경은 사회적, 위생적 문제로 대두 되었는데 이것은 근대도시계획운동을 야기하였고, 이러한 문
제를 해결하기 위해 아파트와 도시근교의 주택지가 단독주택과 타운하우스, 또는 테라스 하우스 형태
로 개발되었다. 19C초반까지만 해도 영국의 농촌인구는 도시인구 대비 50%에 달하였으나 1850년대
에 들어서면서 그 반으로 줄었고, 1900년대에는 도시인구에 편중되는 현상으로 사회 전반에 큰 변화
가 야기되었던 것이다.4

이와 같이 근대도시의 발달은 농촌지역에서 도시지역으로 변화된 사회적 구조적 변화에 대한 문제
의 해결방안으로써 도시나 농촌 모두에게 새로운 커뮤니티의 대응책을 요구했기 때문에 그 이론들은
현대도시를 예견하는 계획들이 많았다는데 주목할 필요가 있다. 소위 주거를 포함한 사회문제를 푸는
실마리로써 도시커뮤니티문제를 해결하기 위한 이상도시Ideal City계획의 제안과 그 실현은 당시 시대의
요구로써 당연했을지 모른다.

한편, 이를 통하여 사회를 구원하고자 했던 사상가들의 기발한 아이디어는 대부분 실제로 실현되지
못하고 계획안으로 끝난 경우가 많으나 프랑스의 샤를 푸리에Charles Fourier의 팔랑스테르Phalanstere, 로버
트 오웬Robert Owen의 뉴 하모니New Harmony, 인공대지개념을 가진 르 꼬르뷔지에Le Corbusier의 유니떼 다비
따시옹Unite d'habitation, 19C말 영국의 에벤에셀 하워드Ebenezer Howard의 전원도시Garden City 등은 실제로 실현
되어 근대적 도시문제의 해결에 하나의 방향을 제시하였고, 현대도시의 커뮤니티계획에 지대한 영향
을 주었다고 말할 수 있을 것이다.

주요한 이상도시이론의 도시계획가와 그 계획안을 커뮤니티구성의 형태별 살펴보면 다음과 같다.

---

4   대한건축학회 편, 『주거론』, 기문당, 2010, p.61

1) 동심원형(同心圓形) 커뮤니티

(1) 르뒤(C.N Ledoux 1736~1806)의 이상도시

이상적 신고전주의 건축가인 프랑스 Claude-Nicolas Ledoux1736~1806의 쇼Chaux는 왕립 제림소 주변에 완전한 공업도시를 계획하였다. 그는 커뮤니티를 정방형으로도 계획하였지만 원초적 기하학의 원형으로 계획한 도시의 체계를 보면 다음과 같다.

- 도로: 방사형의 도로체계
- 중심부: 원형도시의 중심부에 중앙 관리동과 좌우측에 공장을 배치하였다.
- 주택배치: 중심부를 원형의 주거지로 둘러싸고 주택을 배치하였으며 그 배후에 정원을 두었다.
- 공공시설 및 집합주택배치: 공장을 포함한 시장, 회관, 교회, 극장, 집합주택 등은 단독 주택지를 둘러싸고 원형으로 설계한 부지에 장래의 공업도시를 고려하여 배치하였다.

Nahalal Kibbutz, Israel

1920년대. 리차드 카프만(Richard Kaufmann)에 의해 설계되었다. 관료적인 도시중핵과 주변의 거주지대를 분리하였다. 이상도시계획이 주는 인상은 보다 높은 질서에서의 성실성이며, 개척자 커뮤니티의 자기충족이다.[5]

(2) 로버트 펨버톤(Robert Pemberton)

'행복한 도시Happy Colony, 1854'와 같은 혹성마을을 제안한 로버트 펨버톤은 원래 뉴질랜드New zealand에 건설을 목표로 하였다. 공리주의자功利主義者이자 사회개혁가社會改革家였던 그는 동심원형의 행복도시, 해피 콜로니를 계획하였는데 이것은 계획으로만 끝났지만, 1960년대 이 천구군天球群은 브라질의 빠라나Paraná강변 우루부풍가Urubupunga 분지에 만 명의 건축노동자와 그 가족을 위한 동심원형의 모델도시로 건설되었다. 해피컬러니 계획의 내용을 살펴보면 다음과 같다.[6]

Happy Colony(행복한 도시)
- 세대수: 10만 세대
- 규모: 10개의 마을

---

5   최종현 외1인 역, 『도시건축의 역사』(Matrix of Man, Sibyl Moholy-Nagy 저), 세진사, 1990, p. 76.

6   최종현 외1인 역, 『도시건축의 역사』(Matrix of Man, Sibyl Moholy-Nagy 저), 세진사, 1990, pp. 73~74.

- **형태**: 동심원형의 대지형태위에 유리와 철로 만든 천구군과 4개 대학으로 원형형태를 형성하였다.
- **시설배치**: 커뮤니티의 중심부에 실험농장을 배치하고, 10개의 동심원형 마을을 배치한 모델농장이다.

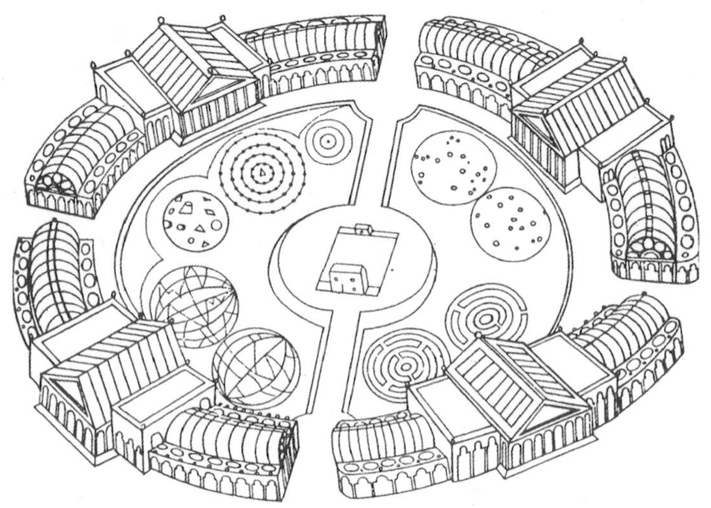

Happy Colony in Newzealand,
모델농장계획안[7]

(3) 에벤에셀 하워드 경(Sir Ebenezer Howard, 1850~1923)

전원도시운동田園都市運動의 창시자이자 도시계획가Town Planner이며, 사회개혁가Social Reformer였던 에벤에셀 하워드경은 당시 커뮤니티설계에 있어서 가장 영향력이 있는 모델도시를 제안하였다. 원형의 도형들은 대도시의 소외와 농촌지역의 부족을 보강하는데 필요한 새로운 유토피아적 도시이론으로 가상이 아니라 실제로 런던북부에서 멀지 않은 지역에 레치워쓰Letchworth와 웰윈Welwyn 신도시를 건설하는데 결정적인 역할을 하였다.

그는 '내일의 전원도시Garden Cities of To-morrow, 1898'를 저술하고, 전원도시협회Garden City Association, 1899를 설립하였는데 그의 이론과 실제는 현대 대도시계획에 있어서 신도시건설에도 적지 않은 영향을 주었다.

전원도시의 커뮤니티개념[8]은 다음과 같다.

도시, 농촌, 전원도시라는 3가지 축선상에서 자족적인 모델로 전원도시를 전원녹지대가 영구적으로 둘러싸는 전원속의 도시를 그렸다. 레치워쓰Letchworth계획의 초안을 맡은 레이몬드 언윈 경Sir Raymond Unwin은 하워드의 다이어그램을 사용함과 동시에 지테에게서도 많은 것을 차용했다. 보도의 레이아웃, 공간의 친밀성, 입체적으로 관련이 있도록 만들어진 다양한 건물군 등이 그것이다.

- **인구수**: 32,000명, 모도시는 65,000명
- **규모**: 6,000에이커 중 1,000에이커만이 도시공간으로 사용되고, 도시의 반경은 대체로 1.5마일 범위로 설계하였다. 모도시는 반경이 10마일정도이다. 인구가 상한선을 넘으면 새로운 핵을 형성하고 도시를 생성한다.

---

7   최종현 외1인 역, 『도시건축의 역사』(Matrix of Man,Sibyl Moholy-Nagy 저), 세진사, 1990
8   이명규 역, 근대도시(Francoise Choay, *The Modern City: Planning in the 19th Century*), 세진사, 1996, pp. 141~149.

- **형태**: 동심원형, 방사형의 도시패턴_{도로는 중심광장에서 뻗은 6개의 방사형도로패턴, Boulevard Columbus}을 취함.
- **시설배치**: 중심지대에 중심광장_{5에이커}과 시청, 도서관, 극장_{Theatre}, 음악 홀_{Concert Hall}, 타운 몰_{Town Mall}, 박물관과 미술관 등의 공공시설을, 중간지대에 주택지, Grand Avenue_{녹지대}, 공립학교, 교회 등을, 외환지대에 공장_{Furniture, Jam Factory…}, 시장, 환상철도, 역 등을, 외곽지대에 소보유지_{Allotments}와 대농지_{Large Farms} 등을 배치하였다.

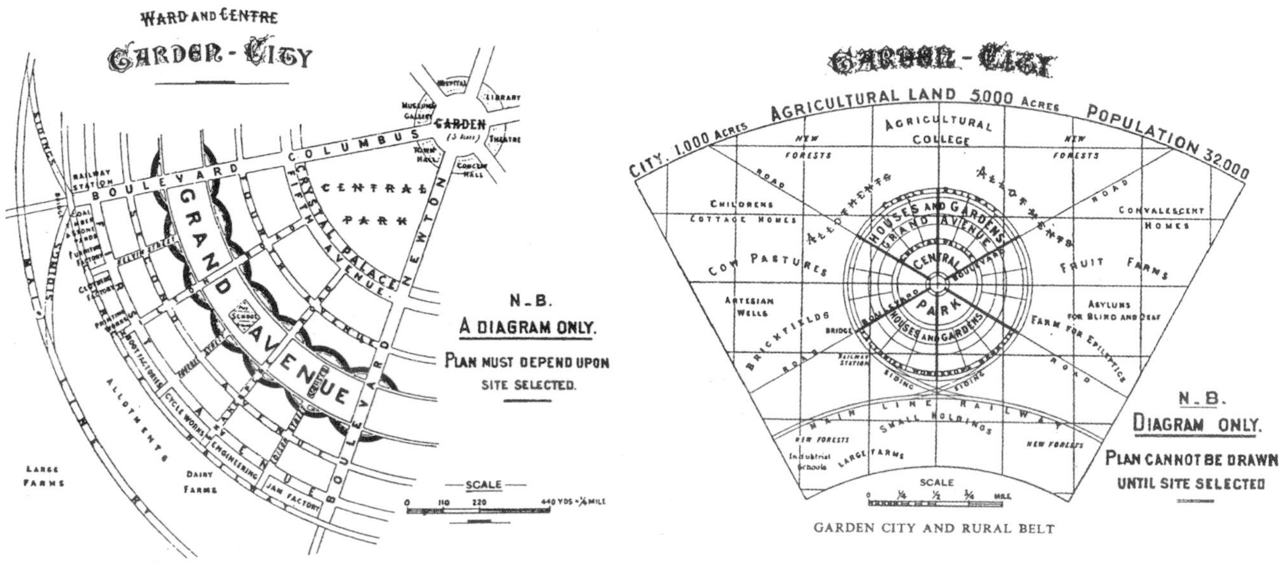

Garden City(Ward and Centre), Ebenezer Howard

Garden City and Rural Belt, Ebenezer Howard

(4) 그 밖의 동심원 환상

우루부풍가(Urubupunga) 모델도시(1962, Brazil)

- **인구수**: 1만 명
- **형태**: 모델농장이 중심부에 배치되어 있고 그 주위에 1만인의 건설노동자 주택이 배치된 형태로 동심원형의 배치형태이다.
- **성격**: 커뮤니티는 도시개척의 성격이 강하고 나선형의 도시성장은 농경지역의 불규칙한 도시팽창으로부터 침입을 받는 것을 막고 있다.

내포신도시, Choongnam

현재, 도청이전을 위해 조성중인 내포신도시는 원형의 도시구조는 아니지만 공공업무지구를 구심점으로 중심에 두고 다음에 상업지역을, 외곽지역은 주거지역과 전원지역으로 계획한 반원형 신도시구조를 취하고 있다.

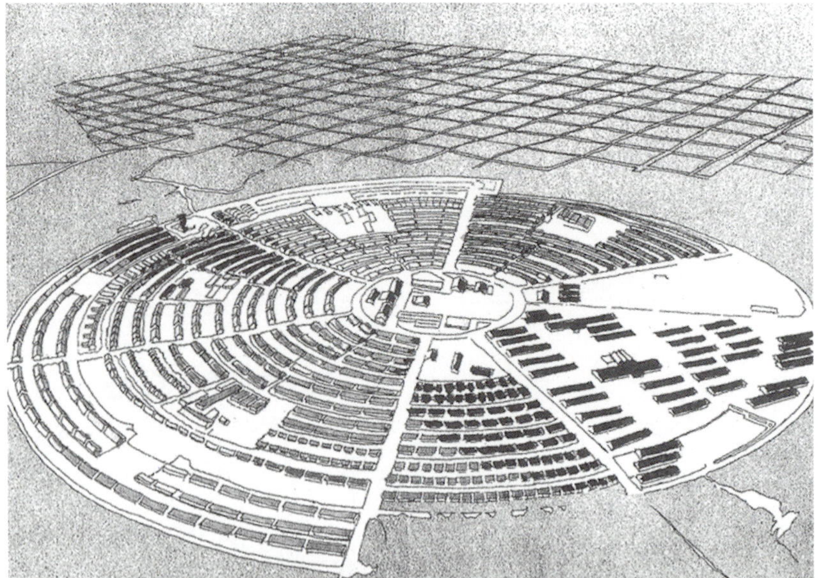

Urubupunga in Brazil,
모델도시계획안9

내포신도시계획안10

2) 정방형(正方形) 커뮤니티

(1) 로버트 오웬(Robert Owen, 1771~1858)의 이상도시

로버트 오웬은 18C영국의 산업혁명영향(상품경제, 자영농업 및 독립수공업 등 봉건적 기반붕괴, 대규모공장, 직장과 주거분리, 도시의 주거환경악화 등을 가져옴)으로 악화되어 가는 도시환경을 보다 합리적, 질적으로 개선하기 위하여 개혁적으로 이상도시안을 제안하였다. 농업과 공업의 결합을 주장한 그는 농업중심의 공업도시로 1817년에 공동사회의 이상주거단지계획을 제안하였다. 이 자급자족형의 정방형 커뮤니티 계획안 내용은 다음과 같다.[11]

● 주민수: 300~2,000명(800~1,200명이 더 바람직함)

---

9 최종현 외1인 역, 『도시건축의 역사』(Matrix of Man,Sibyl Moholy-Nagy 저), 세진사, 1990
10 충남도청
11 윤장섭, 『서양근대건축사』, 기문당, 2004, pp.93~95

- **경작지면적**: 1인당 1에이커를 소유함, 1,200명을 수용하는 정방형부지는 1,000~1,500에이커(4~6 ㎢)로 자급자족적 공동체생활을 주장.
- **건물과 전반적인 구성**: 대광장 중앙에 교회, 학교, 대식당을 배치하고, 주거구는 주민의 주호로, 집 합주거 건물로 둘러싸도록 배치하였다.

Plan for a Village of Industry, 공장촌 계획안12

(2) 제임스 실크 버킹검(James Silk Buckingham, 1786~1855)의 이상도시

버킹검은 동심정방형의 도시패턴을 제안하면서 외곽은 녹지로 둘러싸고, 과학기술의 성과를 주거환 경에 도입하고자 하였다. 정방형의 도시중앙에 중앙광장을 두고, 8개의 도로를 방사형으로 계획하여 중심성을 강조하였다. 그는 National Evils & Practical Remedies(국가의 병폐와 실제적 치료법), Model Town Association(규범도시협회), Victoria Ideal City 등을 제안하였으며, 그 Victoria Ideal City는 인구 1만의 자체 적 커뮤니티 건설을 계획한 것이다. 그 내용을 보면 다음과 같다.

- **주민수**: 1만 명의 자체적 커뮤니티
- **규모**: 1.5㎢
- **형태**: 동심방형(同心方形)
- **도시구조**: 방사상의 8개 대로가 중심광장으로부터 외곽으로 연결시키고 있다.

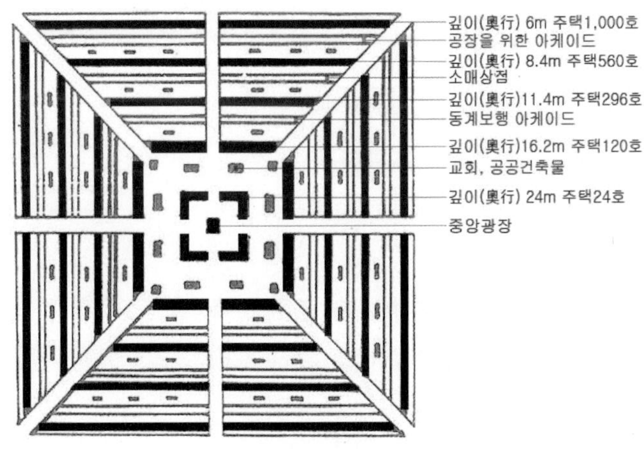

Victoria Ideal City, 자체적 커뮤니티계획안13

---

12 윤장섭, 『서양근대건축사』, 기문당, 2004
13 アーバン・パターン

3) 궁형(弓形)의 커뮤니티

(1) 샤를르 푸리에(Francois Marie Charles Fourier, 1772~1837)

영국의 오웬과 동시대 계획가로 실업가이며, 작가, 정치이론가, 그리고 사회개혁가였던 프랑스의 푸리에는 1832년, 인간의 커뮤니티에 대한 철학적이고 심오한 심리학적인 이상도시이론을 제안 하는 데 주거지에 주택을 배치하고 공공부지에 시설을 배치하는 종전의 패턴에서 벗어나 단일 건축물로 유토피아적 커뮤니티의 건설을 제안하였다. 그것이 바로 팔랑스테르[14] 유토피아 모델이다.

그는 인류사회의 조화를 7가지의 역사적 단계로 구분하여 설명하면서 마지막 단계인 조화기調和期에는 사람들이 도시를 떠나 생활과 재산을 공유하는 단계로 설명하고, 팔랑쥬Phalanges로 옮겨 팔랑스테르라는 궁형의 3층 건물에 살게 된다고 주장하였다. 푸리에는 도시질서를 유지하기 위하여 지역구분과 건축계획을 자세히 제한하였고, 인류사회의 조화Universal Harmony를 이루기 위해서는 협동의 노력이 필요하다고 강조하였다. 그의 열정에도 불구하고 프랑스는 물론 러시아와 알제리에서도 실패하였으나 그 추종자들이 미국으로 이주하여 실험적 커뮤니티를 형성하기에 이르렀다. 드디어 1841년, 리프레이Ripley부부가 웨스트 락스버리West Roxbury, 메사추세츠에 팔랑스테르Phalastere이론을 적용한 농업 및 교육센터를 건립하였던 것이다.

한편, 고든Jean Baptiste Godin, 1817~1889은 이 이론을 기초로 하여 기즈Guise에 파밀리스테르Familistère, 1871, Social Palace라는 복합건물로 유일하게 실현시켰다.[15]

팔랑스테르(Phalansteres)의 계획내용을 간략히 정리하면 다음과 같다.

- 주민수: 1,620명(Le Corbusier의 Unite d'Habitation의 거주인수와 동일함)
- 부지선정: 대도시로부터 아주 멀지 않고 아름다운 천이 흐르며 삼림으로 둘러싸여 있어 경작하기에 적합한 토지를 선정한다.
- 건축물형태: 궁형, 독립된 주호를 갖지 않는다. 노인 1층, 어린이 2층, 장년 3층의 큰 홀에서 공동으로 생활하도록 하였고, 3개의 중정을 갖는다. 실내통로(Rue Intérieures)로 건물을 연결한다.
- 커뮤니티성격: 협동조합이 관리운영하며, 이익은 공헌도에 따라 배분한다.

(2) 고든(Jean Baptiste Godin, 1817~1889)

고든은 푸리에의 팔랑스테르 유토피아적 이론을 가장 잘 적용한 공업가이다. 그가 공장운영의 경험을 살려 공동생활의 모순을 개선하고, 보육원과 집회실의 설치계획을 보완하여 파일리스테르Familistère를 건축하였다.

파밀리스테르(Familistère)의 계획내용을 간략히 정리하면 다음과 같다.

- 주민수: 1,200명 정도(1872년, 당시의 조사에 근거한 것임)
- 부지면적: 전체 공장부지 18에이커

---

14   Phalansteres, C. Fourier, Traits de l'association domestique agricole, (1832)in E. Poisson Fourier Paris, 1932, pp. 141~143
15   윤장섭, 『서양근대건축사』, 기문당, 2004, pp.93~97

- **건축물형태**: 궁형, 공동생활대신 각 가족이 주호를 갖는다. 보육원과 집회실을 설치한다. 4층 높이 3개의 건축물은 궁형으로 서로 연결하며 2~3개 방을 갖는 공장노동자와 그 가족의 아파트이다. 건물의 중정상부는 아트리움과 같이 유리를 덮어 상부를 개방감 있도록 처리하였다.

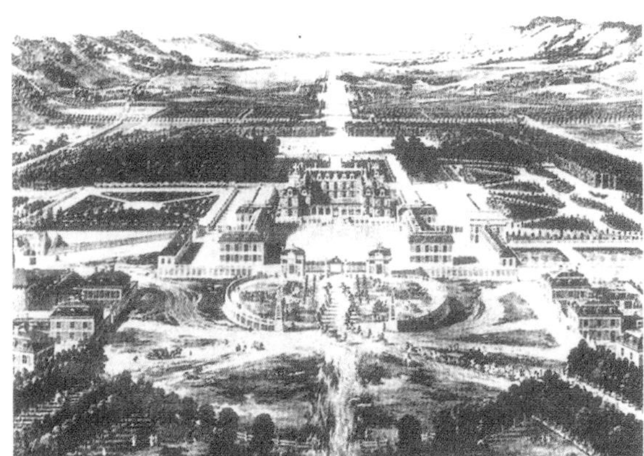

팔랑스테르(Phalansteres), 공동생활 커뮤니티[16]

파밀리스테르(Familistère), 공장노동자 주거[17]

4) 선형(線形) 커뮤니티

(1) 알투로 소리아 이 마타(Arturo Soria Y Mata, 1844~1948)

소리아는 스페인의 공화주의자이며 철학가, 건축가, 커뮤니케이션의 이론가 겸 저널리스트로 다방면에서 왕성하게 활동한 인물이다. 그는 '500m의 폭에서 필요한 만큼의 길이를 가진 하나의 가로-이것이 미래의 도시일 것이다'라고 주장하였고, '우리들이 제안한 도시는 위생적인 조건을 가지고 있는 정원생활과 거대도시를 통합시킨 것이다'라고 선형도시를 예찬하였다. 소리아는 1894년 마드리드 도시계획협회를 설립하고 선형도시를 건설할 기회를 갖게 되는데 이 도시는 중앙을 달리는 트롤리선과 자동차도로를 따라 정원을 가진 개인주택으로 구성되어 있는 수퍼블럭으로 이루어져 있다.[18]

소리아의 선상도시계획線狀都市計劃안은 밀류틴Miljutin 및 르 꼬르뷔제[19]의 선상도시계획안에 적지 않은 영향을 주었다.

선형도시(La Ciudad Lineal)의 계획내용을 간략히 정리하면 다음과 같다.

- **도로**: 중앙도로는 40m 3차선, 중앙축에 전기철도 부설, 교차도로는 20m로 220m간격을 두고 계획하였다.
- **부지면적**: 최소 400㎡(건축면적: 80㎡, 정원: 320㎡)
- **도시형태**: 선상형 도시(線狀形都市)형태

---

16   서양근대건축사, 윤장섭
17   서양근대건축사, 윤장섭
18   이명규 역, 『근대도시』(Francoise Choay, *The Modern City: Planning in the 19th Century*), 세진사, 1996, p.118
19   Le Corbusier, 프랑스 건축가로 비판적 전위예술 평론지 '에스프리 누보'誌를 창간하여 건축 및 도시계획의 개념을 제시하였다.

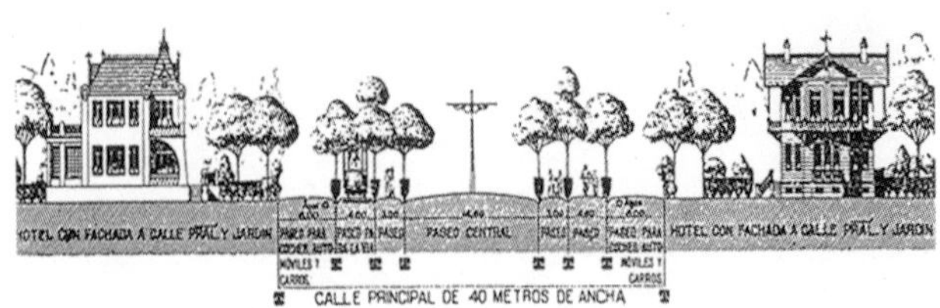

La Ciudad Lineal, 제1기부분에 있는 주간선의 횡단면도[20]　　　　a Ciudad Lineal, 마드리드 선형도시 레이아웃[21]

(2) 르 꼬르뷔지에(Le Corbusier, 1887~1965)

샤를 에두아르 잔느레Charles Eduard Jeanneret가 본명인 르 꼬르뷔제는 기능주의와 조소적 형태주의 수법으로 국제주의건축Internationalism Architecture 운동에 기여한 바가 크다. 그는 근대건축의 거장들Master Builders of Modern Architecture 중에서도 건축 못지않게 도시설계에 대한 이론과 실제가 뛰어났다. 그는 처음에 '300만인의 도시', 파리에 관한 '빛나는 도시Ville Radievse', '근교계획La Plan Voisin'과 같이 동심원패턴으로 도시를 디자인하였으나 후에 'Hellocourt(선형패턴)'은 거부할 수 없는 속도에 대한 힘을 도시가 수용하도록 한다고 확신하였다. 철도와 도로의 노선을 따라 행정시설이나 공장시설을 배치하였고, 반대편에 고층의 주거시설을 배치하였다. 교육 및 상업시설은 간선도로로 연결하도록 하였다.

헬로코트(Hellocourt)의 **도시형태**는 직선형도시直線形都市로 자동차시대의 개막과 현대도시에 스피드시대를 예측해주는데 중요한 역할을 담당하였다.

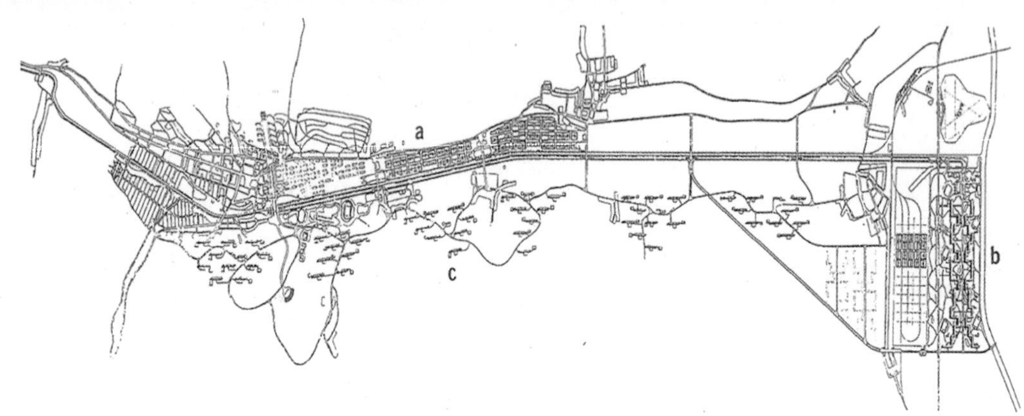

Hellocourt, 직선형도시, Le Corbusier[22]

20　이명규 역, 『근대도시』(Francoise Choay, *The Modern City: Planning in the 19th Century*), 세진사, 1996.

21　이명규 역, 『근대도시』(Francoise Choay, *The Modern City: Planning in the 19th Century*), 세진사, 1996.

22　최종현 외1인 역, 『도시건축의 역사』(Sibyl Moholy-Nagy 저, Matrix of Man), 세진사, 1990.

커뮤니티의 생성과 소멸(生成과 消滅)

Birth and Disappearance of Community

커뮤니티의 생성은 뉴타운이나 도시재생의 형태로, 반면에 커뮤니티의 소멸은 과소화로 자연쇠퇴나 자연재해로 인한 소멸의 형태가 일반적이다. 우리는 갈수록 인재와 자연재해가 증가하고 있는 현재, 마을의 소멸에 대한 문제에 관심을 가져야 한다. 왜냐하면, 하나의 커뮤니티가 형성되기에는 시간의 흐름 속에서 축적된 역사와 문화가 숨쉬고 있기 때문이다. 커뮤니티의 소멸은 단순히 물리적 건축물의 소실이 아니라 역사문화의 사라짐을 동반한다고 볼 수 있다.

특히, 재해로 인해 소멸된 커뮤니티를 재건하기 위해서 건축가와 도시 계획가는 자원봉사자와 환경운동가 등과 함께 중요한 역할을 담당 해왔음은 부인할 수 없다.

2004년 12월에 발생한 인도네시아 북부 수마트라의 반다 아쩨 쯔나미津波, Tsunami로 인한 인명피해와 커뮤니티의 소멸은 금세기 최악의 사건으로 규정되고 있으며, 2011년 4월 일본의 동북지방태평양충지진東北地方太平洋沖地震은 후쿠시마원전사고를 가져와 인명피해와 커뮤니티의 소멸은 물론 방사능노출로 인한 환경재앙으로까지 말하고 있어 그 피해와 충격은 이루 말할 수 없다. 한 국가의 커뮤니티 소멸문제는 더 이상 해당국의 문제로만 국한하기에는 너무도 국소적이다. 우리는 지구촌地球村이라는 커뮤니티에 살고 있기 때문이며, 언제든지 큰 재앙이 반복되거나 공유될 수 있다는 것을 인식해야 한다.

커뮤니티의 생성원리와 전통적 공간구조의 현대적 재해석

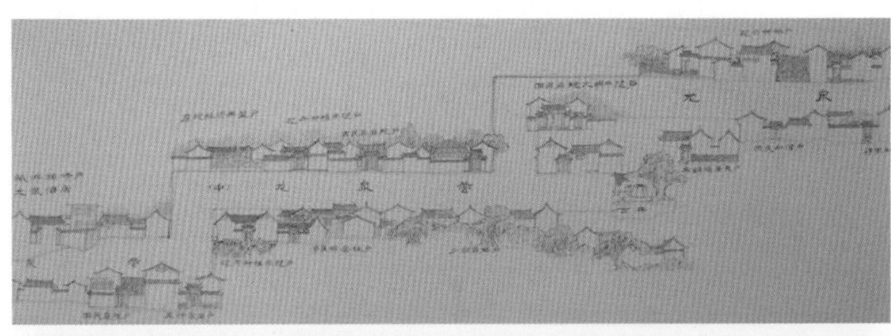

대리족(大理族) 커뮤니티의 마을구조 및 구성원리, Dali, China

오른쪽 고지(산, 西)로부터 왼쪽 저지(호수, 東)로 마을의 축이 설정되었다. 즉, 배산임수형의 마을 구조이며, 백색을 존중한다. 이 규칙은 과거로부터 전해 내려오는 전통적 마을생성원리가 되어왔다.

대리족(大理族) 커뮤니티 구성원리에 따른 대리대학교 교수촌, Dali University, China

백족의 전통적 커뮤니티의 구성원리를 원형대로 존중, 현대건축으로 재해석하여 디자인하였다. 전통이 현대인의 삶 속에 그대로 녹아들어 재생되고 있다.

커뮤니티의 소멸원인과 복구과정

Semi Permanent Houses, GMU캠퍼스 내, Indonesia

인도네시아는 군도(群島)의 나라인 만큼 지진과 쓰나미, 그리고 화산폭발이 많은 나라이다. 언제든지 소멸될 커뮤니티가 존재하고 있는 것이다. 이 루마 인스딴(Rumah Instan)모델은 반다 아쩨 쓰나미의 재해를 복구하기 위해 제작된 머란띠(Meranti)지역 임시구호주택이다. 순식간의 커뮤니티 소멸과 단기간의 복구된 사례로 재생 시 적용된 반영구적 모델하우스이다.

커뮤니티의 과소화현상

제주도 북부어촌마을 전경, Jeju

항공사진으로 본 어촌의 모습이 아름다운 한 폭의 그림처럼 펼쳐져 있다. 녹색의 자연색바탕에 주황색, 파랑색, 하늘색, 회색 지붕들이 형형색색의 항공경관을 만들어낸다. 고채도 지붕색채의 채도를 낮추어야 한다는 주장과 다양성의 아름다운 지붕미학이라는 주장이 충돌하며 현재, 개선하고자 하나 주민들은 관심이 없다. 공가의 발생 때문이다. 과소화문제가 있다. 커뮤니티 소멸론에 대한 근본적인 문제인식이 선행되어야 한다는 것이다.

COMMUNITY DESIGN

2

공간 · 경관 만들기

A Building of Space in Urban and Community Landscape Design

커뮤니티 디자인의 공간적 범위(空間的 範圍)
A Spatial Bounds of Community Design

커뮤니티 디자인의 공간적 범위는 건축물의 실내공간을 제외하고 눈에 보이는 외부공간, 즉 도시의 가로공간, 지역만들기 등에 요구되는 물리적, 정서적 공간을 대상으로 한다.

구체적으로 도시와 지역의 외부공간디자인으로써 상세하게는 건축물의 외피로부터 커뮤니티의 외부공간디자인, 지역만들기(도시지역과 농촌지역)까지 디자인하므로 광범위하고, 종합적이라 말할 수 있다.

커뮤니티 디자인은 개인의 공간보다 공공公共의 공간을 많이 다루기 때문에 개인의 성숙된 참여와 경우에 따라 공간공유의 개념이 요구된다. 개인이 자기 집을 짓는다 하여도 이웃집과 조화되도록 주택의 형태와 재료의 사용까지 서로를 배려할 필요가 있다는 것이다. 왜냐하면 아름다운 주택은 양호한 주거지 경관을, 양호한 주거지 경관은 특성적인 도시(커뮤니티)경관을 만들어낼 수 있기 때문이다.

예를 들어 우리의 마을경관실태를 들여다보면 전통주택과 무국적의 다양한 주택들이 혼재하고 있어 입면형태와 지붕의 고채도 색채, 그리고 이질적 재료가 우리의 고유한 전통성을 혼란스럽게 만들고 있다는 것을 공감하게 될 것이다.

따라서 커뮤니티 디자인은 커뮤니티의 고유한 아이덴티티Identity를 살리고, 풍요로운 생활환경을 조성하며, 전체와 부분의 조화를 이루도록 해야 한다. 즉, 관계중심으로의 지속가능한 사회를 만들어나가는 것을 목적으로 하고 있다. 이를 위해서는 주민이 주체가 된 커뮤니티의 리모델링은 물론 도시(마을)경관창조를 위한 시민참여디자인에 의한 컨트롤Guideline이 필요할 뿐만 아니라 정서적으로 인간중심적 디자인이 될 수 있도록 그 개념이 전환되어야 한다.

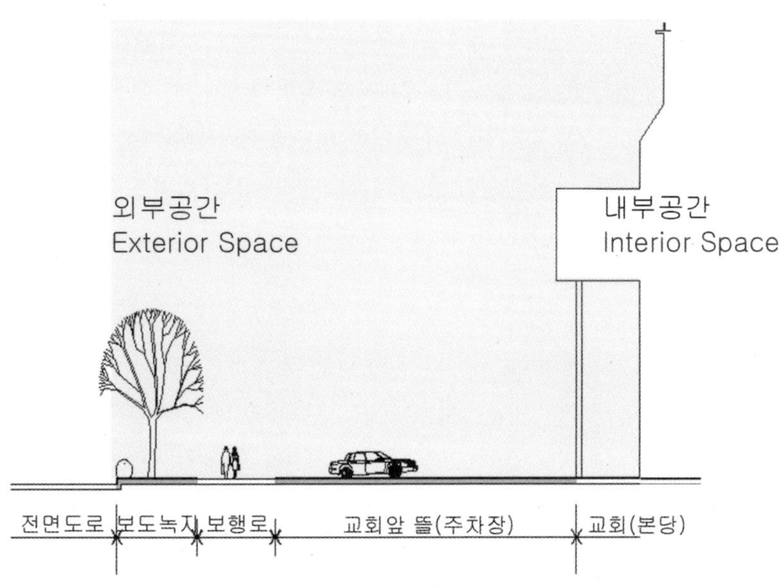

Graceland Church, Powhatan County, U.S.A.

그래이스랜드 교회는 커뮤니티교회로 1888년에 창립되었다. 화재로 소실되어 1958년에 재축하였다. 전형적인 큐폴라(Cupola) 종탑을 로비 위 지붕상부에 설치하여 상승감의 형태미와 동시에 공기의 순환기능을 갖게 하였다. 미국 커뮤니티의 전통적인 교회건축형태표현이다. 외부공간에 나타나는 교회의 형태, 부위별 재료사용, 창문과 창틀, 주차장과 외부 랜드스케이프(Landscape), 보행로(Side Walk)와 가로경관 등 가시적인 물리적 요소들이 1차적인 커뮤니티 디자인의 대상이다. 왜냐하면 이러한 제 요소들은 커뮤니티의 경관유지에 있어서 결정적인 요소가 되기 때문이다.

그리스 건축가 독시아디스(K. A. Doxiadis, 1913~1975)는 커뮤니티의 단위를 정주사회의 단위로 도시와 근린주구 사이로 정의하고 있어 협의의 의미로 본 커뮤니티는 마을과 지역을 의미하는 지역사회로 규정할 수 있을 것이다. 여기서는 디자인과 관련하여 봐야 하기 때문에 커뮤니티 디자인의 범위를 마을, 타운, 도시 및 지역 전체를 상황에 따라 포괄하는 광의적 의미로도 사용하고 있다.

커뮤니티 디자인의 외부공간 구성요소(外部空間構成要素)
Space—Constructing Elements of Community Design

커뮤니티 디자인은 건축과 도시에 있어서 외부공간을 대상으로 한다. MIT교수였던 케빈 린치Kevin Lynch는 그의 저서 'The Image of the City1960, 都市의 이미지'에서 도시형태都市形態와 이미지를 쉽게 읽을 수 있는 방법Imageability으로 5가지 도시요소를 도식화하여 선명한 형태요소의 이미지를 갖게 하였다. 시각적 형태를 주요소Major Element와 부요소Minor Element로, 또는 인식의 정도를 단계적으로 구분하여 읽히는 도시의 이미지 5요소를 보면 다음과 같다.[23]

- 도로(Path)
- 경계(Edge)
- 결절점(Node)
- 지구(District)
- 랜드마크(Landmark)

커뮤니티의 공간구성요소에 관하여 P. シール(실)은 3가지 공간구성요소를 보다 구체적으로 제시하였다. 3가지 위치에서 본 공간체계로써 어느 한 지점으로부터의 경계를, SEEsSpace Estabilishing Elements를

23　　Kevin Lynch, 『The Image of the City』, The M.I.T. Press, 1960, p.18

최소공간으로 도식화하여 제시하였는데 그 내용은 다음과 같다.[24]

- 상부방향(上方)위치의 공간
- 측면방향(側方)위치의 공간
- 하부방향(下方)위치의 공간

이상의 3가지 위치에서 본 공간구성을 다시 각각 표면表面, 스크린Screen, 대상對象으로 구별하고 도시의 공간구성요소를 분류시키고 있는데 각각의 내용을 재해석하여 보면 다음과 같다.

상부방향(上方)위치의 공간

맛사다유적지 천막, Israel

사막기후에서 내리쬐는 강한 태양빛을 가려주는 천막이다. 이와 같은 상방위치의 공간은 천정 캐노피, 지붕 등 표면적으로 본 상부공간이다. 이와 같이 상부표면의 재질이 막혀 있어 투시할 수 없는 표면적 구조이다.

옥외카페, Atlanta

카페 상부면이 넝쿨 식물로 덮여있어 적당한 그늘을 만들고 있다. 카페의 분위기가 개방창, 목재패널바닥, 넝쿨 식물지붕 등으로 자연친화적 개방 공간감을 준다. 이와 같이 상방면의 스크린 공간은 격자형파골라, 나무가지, 잎사귀 등 상부면이 듬성듬성 빛이 새들어오는 스크린 공간구조이다.

야외공연장 상부와이어, Chicago

야외에서 공연하기 때문에 음향이라든가 조명 등을 균등배치하기 위해 공연장 상부에 구조미를 고려한 와이어를 설치하였다. 줄과 스피커만 제외하고 모든 것을 개방하였다. 이와 같이 상방위치의 공간은 전기줄, 나뭇가지, 우산살 등의 선적 요소가 투시가 가능한 열린 공간인 상태로 대상적으로 지나가는 구조이다.

---

24   日本建築學會 編, 『空間學事典』, 井上書院, 1996, p. 64

측면방향(側方)위치의 공간

골목길 양측 벽면, Church of Saint Barbara, Cairo

카이로의 구시가지 골목길이다. 길 양 옆으로 과거와 현재의 건축양식과 재료, 그리고 구법 등을 자세히 이해할 수 있을 정도로 표면(表面)을 공간적 구성요소로 보게 된다. 이와 같이 측방위치의 공간은 골목길 측벽, 생울타리, 커텐 등의 표면적 공간 구성요소를 갖는다.

펜스, Yorktown, Virginia

미국 동부지역의 전통적인 민가의 펜스이다. 측벽(側壁)의 스크린 형식이다. 이와 같이 측방위치의 공간은 펜스, 생울타리, 가로수길 등의 스크린 벽과 같은 공간구조를 갖는다.

국기봉, Yorktown, Virginia

미국의 독립 당시, 13개 주를 독자적으로 표시해주는 주기이다. 배경에 비지터센터(Visitor Center), 수목 등이 위치하고 있다. 이와 같이 측방위치의 공간은 깃발, 기둥, 건축물, 언덕 등과 같이 배치된 대상적 공간구조를 갖고 있다

하부방향(下方)위치의 공간

옥상 위 전망대, Pyeontaek

옥상의 전망대로 전방위로 열려진 지평선과 수평선의 자연경관을 조망할 수 있다. 이와 같이 하부위치의 공간은 전망대, 계단, 무대와 테라스 등의 표면적 공간구조를 갖는다.

플라이 갤러리(Fly Gallery), Pyeontaek
무대상부 설비로 그리드격자 철판 바닥이다. 통로공간이다. 이
와 같이 하부위치의 공간이 대나무살 평상처럼 된 격자바닥, 목
재 혹은 철제살 바닥면 등과 같은 스크린 공간구조이다.

징검다리, 미리내마을, Gangwon
마을 앞 개천의 징검다리는 물을 의미하는 물고기형상이다. 평
범한 자연생태의 개천에 수공간적 의미를 부여하여 흥미를 갖게
한다. 이와 같이 하부위치의 공간을 딛고 이동하거나 서는 구조
로 답석, 외나무다리, 줄, 망 등과 같은 대상적 구조이다.

경관구분(景觀區分)
How a Scene Looks

일반적으로 우리가 눈으로 보는 커뮤니티의 경관은 원경관遠景觀, 중경관中景觀, 근경관近景觀 등 3가지로
구분되어지고 있다. 생물학적으로 인간의 눈의 구조는 가까운 거리나 먼 거리의 사물을 식별하기에
적합하도록 발달하였다. 현미경과 같이 미생물을 들여다 볼 수는 없지만 근접하면 어떤 물질의 질감
Texture이라든가 조직까지도 발견할 수 있고, 반대로 만원경과 같이 먼 거리를 자세히 식별할 수는 없지
만 어떤 경관의 상을 그려볼 수 있다. 이처럼 인간의 눈은 사물을 식별하는데 1차적으로 거리가 중요
하다. 거리에 따라 가깝고도 멀게 볼 수 있는 것을 육안肉眼이 가지고 있는 한계라면 의미상의 2차적 눈
인 '마음의 눈'은 심오한 감정Feeling까지도 읽을 수 있어 무한지경에 이를 수 있다.

따라서 경관을 말할 때 물리적인 가시거리의 범위설정도 중요하지만 각 경관에 따른 느낌과 의미
Feeling 또는 Thoughts는 더 중요하다.

일반적인 3경관 외에도 비행기에서 바라보는 항공경관航空景觀과 1m전후로 사물에 근접하여 자세히
바라보는 근접경관近接景觀도 빼놓을 수 없다.

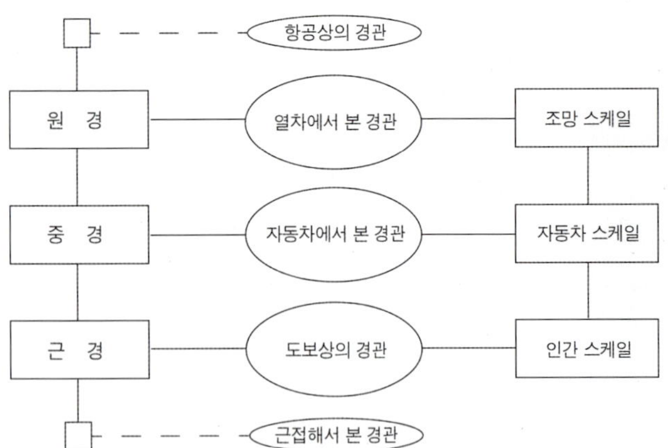

항공경관, Cairo

항공상에서 바라 본 카이로시내이다. 아름답게 펼쳐진
도시의 이른 아침경관과 멀리 지평선의 곡선미를 동시
에 느낄 수 있다. '지구는 둥글다'라고 말한 갈릴레오
는 육안으로가 아니라 지안으로 깨달았다.

중경관, Couvent de la Tourette, Lyon 근교

중경관으로 본 라뚜레 수도원의 각 실들은 분명하게
보이지는 않지만 건축물의 윤곽과 매스의 형태, 지형
의 경사면 등을 느낄 수 있다. 평면적으로 좁고 긴 장
방형의 유니트는 재실자(수도사)에게 공간적으로 절
제미를 갖게 하였다. 반면에 중경관으로 본 외관은 이
를 반영하듯 숭고한 형태미를 보게 한다.

원경관, Cache Valley전경, Utah

캐쉬벨리의 원경관으로 멀리 설산이 병풍처럼 펼쳐져
있고, 하부의 평원에 도시가 입지하고 있는 아름다운
풍경을 그림처럼 드러내고 있다. 약 150년전 유러피
언들이 파이오니아 정신으로 이곳을 개척한 계획도시
이다. 그 이전에는 쇼손(Shoshone) 북아메리카인디
언(North America Indian)이 살았었다.

---

25   Masaru Sato, 『Community Design』, Graphic-Sha, 1992, p.29. 이를 기본으로 재구성함

근경관, Casa Milà (La Pedrera), Barcelona
카사밀라의 외벽 재료, 아르누보(Art Nouveau) 곡선형태의 발코니, 간판과 글씨 등의 디테일을 볼 수 있다. 근경관을 통해서 보면 가우디의 천재성을 더욱 자세히 발견할 수 있다.

아이스톱
Eye Stop

도시나 전원공간에 있어서 아이스톱은 경관을 형성하는 요소로 사람의 눈길을 쉽게 끄는 장소이다. 예를 들면 도시에서 쿨데삭Cul-de-Sac, 막다른 골목, 건축물의 첨답, 도시의 스카이라인 등과 전원의 공간에서의 사일로Silo, 등대, 타워 등이 있다. 이처럼 일상에서 보는 아이스톱들은 거리와 도시공간을 형성하는 요소로 작용할 수 있기 때문에 공간전체 속에서 아이스톱의 위치를 설정해주는 것이 바람직하다.

수평선(지평선) 아이스톱

Washington Monument, Washington D.C.
도시 광장 중심에 기념탑을 세워 국가의 상징성을 강조하고 있다. 이 오벨리스크는 도시 전역에서 아이스톱의 기능을 담당하고 있다.

어촌의 등대, Jeju
넓게 펼쳐진 수평선상에서 등대는 구심점의 역할로, 항해하는 자들에게 방향을 설정해준다. 해변공간에 있어서 아이스톱의 전형적인 예라 볼 수 있다.

수직수평형 아이스톱

Wallraf Richartz Museum & Köln Cathedral

자유로운 파동입면형태의 현대박물관과 고딕의 수직적
대성당이 공존하면서 시선을 수직에서 수평으로 작용하
게 한다. 높이에서 오는 성당의 첨탑에 우선 눈이 가게
된다.

다점중첩형 아이스톱

중세도시, Heidelberg

하이델베르크 시내전경을 바라볼 때 수직으로 뻗은 종탑
들이 중첩되어 다점으로 시선을 옮겨가게 한다. 스카이
라인의 수평적 정렬 위에 아이스톱이 많게 되면 중심성
이 흐려질 수 있다.

동형의 아이스톱

SWIMMING in Ssamzigil, Seoul

돌고래모빌로 수영동작을 동적으로 보여주고 있다. 아이스톱의 고정관념을 깨는 형태로 마치 모빌(Mobile)과 같이 현대적 움직임
의 미학을 나타낸 것이다. 인사동 쌈지길을 방문하는 시민과 외국인들에게 흥미의 스토리를 제공해준다.

피겨와 그라운드
Figure and Ground

피겨와 그라운드는 경관형성에 있어서 그림Figure, 圖的인 것과 배경Ground, 地的인 것의 관계를 말한다. 일반적으로 도시풍경은 건축물과 간판 등이 그림이고, 도로는 배경이 된다. 도시의 가로경관, 공간연출 시에 피겨와 그라운드의 관계를 응용하여 경관을 창조하는 것도 하나의 좋은 방법이다.

이화여자대학교 캠퍼스 센터, Seoul

경사로 바닥과 양쪽벽면은 그라운드(Ground)로, 벽면의 출입구표시의 숫자사인과 대학본관은 그림(Figure)이 된다.

인스부르크 개선문, Austria

오스트리아의 인스부르크 개선문이다. 도시의 개성을 강하게 나타내주고 있다. 우리나라는 커뮤니티간의 경계가 모호한 경우가 많지만 이처럼 도적인 요소로써 도시의 문과 이와 유사한 건조물 등으로 커뮤니티간의 경계를 구분하는 것도 바람직하다.

New Orleans, Louisiana.

재즈음악으로 유명한 도시의 분위기를 느낄 수 있다. 전면좌우의 상점건축물, 간판, 차량, 거리의 장식물, 사람들과 차량들 등 이런 시각적인 요소들이 복합되어 도시경관의 특징을 형성한다. 도시의 도적인 것과 지적인 것과의 조화로운 관계를 볼 수 있다.

랜드마크
Landmark

커뮤니티내에서 장소를 기억하게 하는 오브제로써 랜드마크Landmark는 오벨리스크와 같이 높은 전승기념탑이나 교회의 첨탑, 도심의 초고층건축물, 평원의 솟은 사일로Silo 등을 예로 들어볼 수 있다. 1차적으로 대부분 높이로써의 오브제가 중심이 된다. 그러나 이러한 물리적 요소 외에도 지구내의 매스Mass 형태, 또는 색채로의 차별 등을 통해서도 랜드마크로의 상징성을 부여할 수 있다.

랜드마크는 지역에서 주민과 방문객의 시야 및 초점을 주목하게 하므로 공간을 조직하거나 집중하게 하는 기능을 갖기 때문에 커뮤니티에 있어서 장소의 기억, 공간의 인지, 경관의 포인트 등을 계획할 때 디자인의 요소로 활용하면 더욱 바람직하다.

옥상타워, 동경시내, Tokyo

Henry Gate, 고가수조, Arlington

London Eye, London

오벨리스크, Istanbul

공간의 기능과 의미(空間의 機能과 意味)
Function and Meaning of Space

지금까지 도시의 토지이용계획 또는 건축행위 시 건축법이나 국토계획법이 정하는 바에 따라 주거지역, 상업지역, 준공업지역 등 법이 규정하는 계획을 기반으로 공간을 만들어왔다. 지금의 도시공간과 경관현황은 역시 이와 같은 법상의 제한에 의한 구성방법이었다고 볼 수 있다. 도시공간의 전체경관을 단계적으로, 체계적으로 그려내기란 대단히 어려운 과정이었을 것이다.

현재 우리 도시의 거리경관Streetscape, 커뮤니티경관Community Landscape, 스카이스케이프Skyscape 등을 보면, 부분을 생각하면서도 전체를 존중해주는 아름다운 공간만들기에 있어서 다소 부족함을 드러내고 있다고 해도 과언은 아닐 것이다. 법상의 공간분류 외에도 사유공간과 공유공간, 사적공간과 공공공간, 그리고 다양한 거리의 공간연출이 함께 공존한다는 개념이 인식되어져야 할 필요가 있기 때문이다. 즉, 부분과 전체, 개인과 공공이 동시에 존중될 때 아름다운 거리를 조성할 수 있을 뿐만 아니라 풍요로운 도시경관을 만들어낸다는 점을 인식해야 한다는 것이다.

마사루 사또Masaru Sato교수는 건축물의 용도제한과 같은 공간의 개념은 다음과 같이 정의하고 있다.

1) 사적공간(私的空間, Private Space)

사적공간은 개인이 소유하고 있는 공간이며 개인과 가족이 육체적으로, 정신적으로도 안식을 취할 수 있는 장소이다. 프라이버시가 침해되지 않는 쾌적한 장소가 되지 않으면 아니 된다.

2) 공유공간(共有空間, Common Space)

공동으로 소유하고 관리하고 있는 융통성의 공간Flexible Space이다. 물론 개인의 생활공간의 연장으로, 또는 커뮤니케이션을 방해하는 공간이 되어서는 아니 된다. 커뮤니케이션관점에서는 프라이버시와 이웃커뮤니케이션과를 동시에 보장할 수 있는 공유공간이 마련된다면 더 고무적일 것이다.

3) 공공공간(公共空間, Public Space)

행정구역단위 (일본의 경우 市·町·村 ⇨ 縣 ⇨ 國, 우리나라의 경우 리⇨읍·면·동⇨시·군⇨도⇨국)를 소유하고 관리하는 공간범위, 불특정다수인에게 이용되어지는 공간이다. 기차역 등과 같은 공익성이 높은 공간, 쇼핑센터, 극장, 백화점 등 여러 건축구조물의 공간도 공공적인 공간이며, 최근에는 건물을 후퇴시켜 부지의 일부를 공개공지로 일반인에게 개방하는 것 등이 있다.

도시공공디자인에 관한 시범사업과 그 중요성이 강조되고 있는 시점에서 공공성의 공간개념은 아직 막연하다고 볼 수 있는데, 누구나 공적으로 이용할 수 있는 공간의 확보라든가, 편리하고, 아름다운 공공의 공간을 만드는 것은 필요하다고 생각된다. 공간을 법이 정하는 용도 및 용적률 등의 계획으로써의 공간이 아니라 공간기능과 의미를 담는 부분과 전체로써의 관계적 공간개념이 필요하다. 윤리적 디자인Ethical Design이 요구된다. 커뮤니티의 생활상이 공간디자인에 반영되어서 지속가능하며, 생활이 공간이 되고, 주민이 참여하는 유기적인 공간 만들기가 요구되는 것이다.

오미하치만 시(近江八幡市), Japan

전통적 건조물보존지구내 민가이다. 길과 집의 사이에 놓인 화분은 사적 공간과 공적 공간의 경계선에 위치하고 있다. 화분뿐만 아니라 소나무, 민가의 건축디테일 역시 방문객들에게 일본의 근대 에도시대이전의 마을과 건축미를 느끼게 하고 아름다운 감흥을 불러일으킨다면 각각의 요소는 공공성을 띄고 있다고 볼 수 있다.

인사동 뒷골목, Seoul

차가 다닐 수 없는 인사동의 뒷골목이다. 우리나라 전통한옥마을의 마을길 구조를 느낄 수 있는 곳으로 이 뒷골목은 주민들이 담소를 나누며, 서로 소통하는 장소로 공간을 공유하고 있다.

트라팔가광장(Trafalgar Square), London

런던 웨스트민스터에 있는 광장으로 런던시민은 물론 외국인을 포함한 불특정다수인이 만남, 휴식 관광 등을 위해 다목적으로 모이는 대표적인 공공공간이다.

공항대합실, Dulles Airport

내국인과 외국인들이 출국, 입국하는 국제적인 공공터미널공간이다.

공공공간(公共空間)
Public Space

커뮤니티의 공공공간은 시민, 방문객, 내국인과 외국인을 막론하고 불특정 다수인이 이용하는 공간이다. 도시공간에 있어서 가장 범용성이 강하다고 볼 수 있다. 도시지역은 광장, 공원, 하천, 가로 등, 농촌지역은 개방된 교회 교육시설, 유적지 등 지역을 불문하고 다양한 공공공간을 갖고 있다.

공공공간의 디자인은 누구나 이용에 편리성을 갖게 하는 보편적 공간으로 유니버셜 디자인Universal Design의 개념이 적용되어야 한다. 한편, 이용자는 공공공간의 활용과 공공적 질서를 유지해야 하는 시민의식이 요구되는 곳이기도 하다.

초등학교운동장, Dangjin
농촌지역의 초등학교는 학생들과 함께 주민이 운동회를 한다거나 투표 등 공공시설로 활용되는 경우가 많다. 마을회관, 교회 등도 공공장소로 많이 활용되는 공간이다.

부다페스트 광장, Budapest
부다페스트 광장으로 집회, 축제, 일상의 만남과 관광 등이 끊임없이 일어나는 장소로써 누구에게나 열린 공간이다.

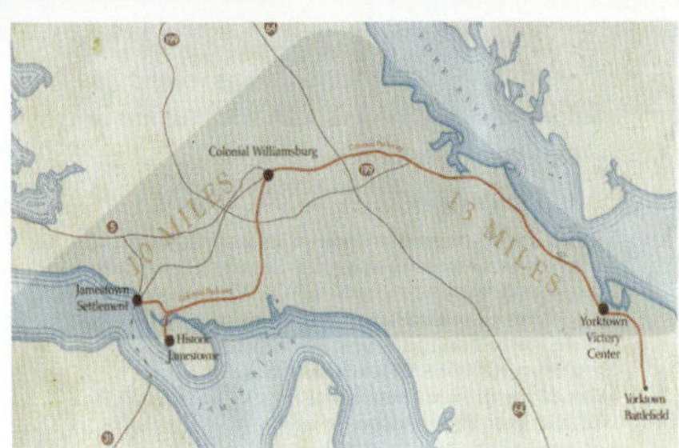

Historical Triangle, Virginia
모든 마을은 시간의 흐름 속에서 집적된 역사와 문화를 갖고 있다. 특히 국가나 지방 정부차원에서 지정한 마을은 마을공동체적 관점만이 아니라 공공적 입장에서도 보존되어야 할 가치가 있다.

수변공간, Cheonggyecheon

도시공간속에서 물이 흐른다는 것은 도시민이 자연을 느낄 수 있는 시각적 요소인 동시에 청각적 요소를 갖게 하여 풍성함을 더해준다. 이처럼 수변문화공간을 제공하는 것은 커다란 매력이다. 외국인이 많은 찾는 곳이다. 불특정다수인이 찾는 공공의 공간이다.

기념관과 분수, Lincoln Center, Washington
노예해방의 상징인 링컨의 기념관 앞 분수와 수공간이다. 수목, 분수의 조형미와 파르테논형성 기념비적 기념관은 시민과 방문자들을 끊임없이 모이게 하는 요소가 된다. 이러한 공간은 누구에게나 열려 있는 공공의 장소일 뿐만 아니라 국가의 상징적 장소이기도 하다.

공유공간(共有空間)
Commom Space

사유공간私有空間, Personal Space의 상대적 개념으로 공유공간이 존재한다. 주택의 담장을 벗어나면 공공공간公共空間에 바로 접하게 되는데 넓은 의미에서 공유공간은 공공공간에 속한다. 공사共私에는 공유가 포함되어 있다. 모두가 공동으로 소유하고, 같이 놀이하며, 나눌 수 있는 장소로써의 공간, 즉 공유공간은 커뮤니티에 안정성 및 지속성과 활력을 불어 넣어주는 장소이다. 공유공간에 대한 배려의 마음을 갖고 사유공간을 관리하는 것도 하나의 커뮤니티 공유 공간 디자인방법이다.

우리가 흔히 볼 수 있는 공유공간은 정감이 있는 옛 마을의 골목길, 어린이 놀이터, 단지 내의 휴게공간 등 우리의 일상생활공간에 공존하고 있다. 이웃 간에 공유의 질서를 갖는 것은 아름다운 커뮤니티 환경을 유지하는데 있어서 무엇보다 요구되는 덕목이다.

아파트의 놀이터

아파트단지내의 어린이놀이터, Pyeongtaek

아파트단지 중앙에 배치된 어린이놀이터는 어린이로부터 주부와 노인에 이르기까지 공동체의 사랑받는 공유공간이다. 놀이기구 공간, 어른들의 대화의 장, 휴게공간 등 다목적으로 공유하게 된다. 따라서 단지설계 시 무엇을 공유할 지를 선행적으로 계획하는데 있어서 주민이 참여하여 필요한 공유공간을 제안해주면 더욱 바람직하다.

전통마을의 골목길

전통마을의 골목길, 외암리마을, Asan

주택의 돌담은 마을골목길의 경계이다. 골목길은 주민들이 거닐며 담소하고, 어린이들이 놀이하는 등 커뮤니케이션의 장소로 활용되어져 왔다. 돌담과 골목길처럼 공유공간을 만들어내는 것은 마을의 장점이며 특히, 소통의 장소가 되고 있다는 점에서 마을이 갖는 비교할 수 없는 공간적 특징이라고 말할 수 있다.

주거단지의 중정

d'Abraxas Housing, Marne-la-Vallée

리카르도 보필(Ricardo Bofill)이 설계한 주거단지이다. 신합리주의건축(Neo Classicism Architecture) 경향의 현대건축이다. 단지중심에 좌우대칭의 반원형의 구심적 공유공간을 배치하여 영역화하였다. 이것은 공유공간이면서도 공동체만의 영역성이 분명하기 때문에 외부 불특정다수인의 진입은 어렵지만 아파트 주민 간의 공유적 행위들이 이루어질 수 있다.

도시완충녹지공간

완충녹지공간, London

중소규모 사무소들이 주거지를 사이에 두고 녹지공간인 완충공간을
갖고 있다. 대지의 경계부분에 지그재그 형태의 벤치를 설치하였다.
휴게와 만남의 장을 제공하고 있는 것이다. 가로등과 벤치, 그리고
토피어리(Topiary), 기하학적 화단과 식재 등 완충공간의 제 요소
들이 커뮤니티의 활동을 유도하고 있다. 공유공간으로 의도된 디자
인의 세련미를 발견할 수 있다.

지역별 공유공간을 보면 다음과 같다.

전원지역(田園地域)

마을 숲, 외암리마을, Asan

마을 숲은 마을의 정원이며, 한국정원의 기초가 되었다. 마을
숲은 주민의 휴식과 모임, 행사의 장이도 하지만 마을의 경관과
자연환경을 조화롭게 조성하는 공유공간적 지혜의 발상이기도
하다.

도시지역(都市地域)

자전거 보관소, Japan

자전거 보관소는 집합주택에서 흔히 볼 수 있는 주민공유 장소로,
거치대와 사인이 재미있고, 아름답게 디자인되면 이용의 활성화를
꾀할 수 있을 것이다.

중정과 정원, WoZoCo Apartments for Elderly People, Amsterdam

노인전용 집합주택의 중정과 정원이다. 주민 스스로 가꾸고 자연을
감상하는 정서적 공유의 공간이다.

정자와 느티나무, Yeosan, Iksan

마을의 정자와 느티나무는 마을입구 혹은 마을중심에 위치한
다. 대개 느티나무의 수령을 보고 마을의 역사를 가늠하기도 한
다. 이것은 마을공동체에게 공유공간으로 기능하고 있다. 마을
주민 남녀노소 누구에게나, 심지어 방문객에게도 쉼터요, 안식
의 공간을 제공한다.

미술관의 옥상데크, Leeum, Seoul

미술관의 옥상데크이다. 관람객의 휴게와 놀이 및 옥외설치미술의
감상 등이 병행되고 있다. 옥상정원과 같은 맥락으로 공유 공간적
기능을 갖고 있다고 볼 수 있다.

수직건축에 있어서 공유공간을 보면 다음과 같다.

부띠크 모나코, 서초, Seoul

전시시설과 상업시설(프렉탈적 입면, Fractal, 自己
相似的)을 포함한 복합기능의 오피스텔이다. 비즈니
스 펜트하우스 개념으로 다양한 단위주거 평면구성과
27층 높이의 매스 중간 중간에 가든 개념의 공유공간
을 계획한 것은 재실자에게 교류 및 휴게공간을, 자연
에게는 열린공간을 제공하는 점에서 의의가 있다.

Simmons Hall—기숙사, MIT

스티븐 홀(Steven Holl)이 디자인한 MIT기숙사이다. 육중한 콘크리
트 블록구조이다. 10층높이의 기숙사 중간 중간에 교수나 외래방문
교수의 가정들이 교류하거나 휴게할 수 있도록 공유공간을 만들었다.
이처럼 수직건축에서도 공유공간을 담을 수 있는 가능성과 중요성을
예시하고 있다.

아파트 옥상의 공유공간, Eco Ideas, Panasonic

아파트 건물의 옥상정원이다. 옥상녹지공간을 확보하고, 주민들은 물론 동식물과도 공존하는 생태공간을 만드는 계획이다. 비록 아이디어지만 인간과 인간, 인간과 자연과의 공유와 공존의 의미를 생각해 볼 수 있게 한다.

수평건축에 있어서 공유공간을 보면 다음과 같다.

ケアハウス(Care House) 弘陽園, Tokyo

일본의 개호보험(介護保險) 가입고령자가 거주하는 요양원 중의 한 시설이다. 각종 보건의료 서비스를 받으며 거주하기 때문에 신청자들이 증가하고 있다. 노인주거는 단층 연립주택으로 짓고, 세대간 정원을 갖게 하였다. 연립주택 정면부의 정원은 벤치와 테이블 등을 배치하여 세대간 소통하며 담소를 나누거나 휴식할 수 있는 공유공간을 확보하고 있다. 공유공간 외에 운동시설, 보건의료시설 등을 갖추어 정책적으로 복지혜택을 충분히 제공하고 있는 것도 시설이 갖는 장점이라 할 수 있다.

상업공간(商業空間)
Commercial Area

도시에서 상업공간은 일상생활권내의 소규모 상점으로부터 도시의 중심상업지역내의 백화점과 같은 대형쇼핑센터에 이르기까지 단계적으로 분포하고 있다. 최근에는 복잡한 도심을 벗어나 주차시설을 완비하고 쇼핑, 식사, 만남 등의 일상적 생활이 가능한 쇼핑몰Shopping Mall 또는 아울렛Outlet과 같은 형식의 상업시설이 발달하고 있다.

한편으로 재래시장을 정비하여 커뮤니티를 활성화하고자 하는 노력들이 전개되고 있으나 상업공간의 대형화 조직에 밀려 소규모 소매업은 그 활력을 잃어가고 있는 실정이다. 특히, 도시가 다핵구조로 '부조화의 조화'를 이루어가는 우리나라의 도시패턴 속에서 소규모 상가와 재래시장은 점점 쇠퇴해갈 수밖에 없는 구조이기 때문에 커뮤니티의 균형적 발전을 위해서 주민참여의 활성화방법은 물론 다각적인 정책적 접근이 요구된다.

가로 판매 공간

가로변 판매대 설치, Turkey

카타콤(Catacomb, 지하묘소) 유적지 입구에 관광객을 대상으로 특산품을 판매하는 가판대들이다. 강한 일사를 가리기 위한 파라솔과 가설상점이 도열하고 있어 구매요구를 불러일으킨다. 형형색색의 지붕들은 일정한 판매영역을 형성하고 있고, 바닥의 패턴 역시 원활한 통행범위를 지정해주고 있다.

도심의 상점가로공간, Dangjin

구도심활성화를 위해 상점가로를 정비한 것이다. 당진은 시 승격으로 시청사를 현재의 구 군청자리에서 외곽으로 옮겨 감으로써 하나의 부도심을 갖게 되었다. 구도심의 공동화 현상이 나타나 기존상권을 활성화할 필요성이 대두되고 있다. 따라서 간판정비, 도로포장, 매력적인 도시가구디자인, 포켓주차장 설치, 차량의 일방통행로 지정 등으로 복잡한 주차난의 해소와 구매력을 증진하고자 하지만 아직 활성화의 단계로 진입하기에는 요원하다. 구도심 상업공간의 활성화는 각 지방도시가 갖고 있는 고민 중의 하나이다.

재래시장과 상점

Borough Market 2, London

영국 런던의 보러(Borough)마켓은 역사적인 시장이다. 현재의 건축물은 1851년에 디자인되었다(Southwark Street에 있는 아르 데코양식의 입구는 1932년에 디자인됨). 야채와 과일, 해물과 식료품 등 종합마켓으로 시민들에게는 사랑을, 방문자들에게는 볼거리와 역사적 시장문화와 건축양식을 제공한다. 중앙통로는 상부면을 아트리움과 같이 개방하여 자연채광을 통한 통행의 분위기를 조성하므로 공간전체가 밝고, 활기차다.

도시근교지역 쇼핑몰

Wellesley Mall, Richmond근교

웰즐리 쇼핑몰은 미국 버지니아의 주도인 리치몬드의 근교 주택가에 위치하고 있다. 기존의 형성된 자동차문화로 부터 탄생된 쇼핑공간으로써 그 단편을 읽을 수 있다. 몰에는 유명 브랜드의 상품을 저렴하게 구매한다거나 가족단위로 식사나 문화활동 등을 즐길 수 있는 복합 상업공간이기도 하다. 최근 우리나라의 경우도 자동차문화의 확산과 쇼핑의 편리성을 고려한 아울렛이 도심외곽에 늘어나고 있는 추세이다.

공원공간(公園空間)
Amusement Area

동서양을 막론하고 도시공간속의 공원은 도시민의 각박한 삶속에 있어서 육체적 피로를 제공해주는 휴식과 정신적 스트레스를 푸는 안식의 장소로써 녹지공간이며, 동시에 정서적 공간으로 조성되어 왔다. 공원은 동적공간이 아니라 정적인 공간이다. 일반적으로 도시의 녹지율이 높다는 것은 브라질의 공원도시인 쿠리치바Curitiba 시처럼 풍부한 공원공간의 확보는 물론 자연생태공간 및 도시의 거주성이 양호하다는 것을 의미하는데, 도시공원은 녹지공간의 비오톱Biotop을 창출한다는 측면에서도 도시의 필수적 공간이라 하겠다.

우리나라의 도시공원은 주로 시민의 휴식, 만남, 경스포츠, 집회공간 등으로 사용되고 있는 것으로 보아 농촌지역 전통마을의 마을 숲에서 그 유래를 찾게 된다. 즉, 전통적으로 내려오는 마을 숲은 도시 커뮤니티의 공원조성에 있어서 역사적 근거를 제공하고 있어 큰 의의가 있다 하겠다.

공원의 종류는 주거밀집지역이나 도시중심지의 자투리공간을 활용한 포켓공원26으로부터 대공원에 이르기까지 다양한 형태의 공원이 존재한다. 공원은 도시를 전원처럼 윤택하게 하는 허파와 같은 역할을 하기 때문에, 공원공간을 충분히 확보하고 적절히 조성한다는 것은 도시의 생태환경과 생활환경 및 경관조성에 있어서 매우 유익하다.

1) 공원의 종류

소공원

오후구스쿠 소공원, Japan

소공원은 '도시와 마을내에 있는 소공지공간을 수경화하여 사람들의 이용가치 및 도시공간의 가치를 향상시키기 위한 소광장이다'(態野,1991)라고 주장되거나, 일상 생활권에서 주민의 휴게와 체조, 여가활동의 장으로써의 공간으로도 얘기되기도 한다. 이 그림은 조각공원이면서 주거지에 위치한 소공원이다. 마을중앙에 조각공원을 설치하여 주민의 일상적 휴게공간이면서 외부인들이 작가의 작품을 감상하기 위해 마을을 찾게 하는 요인이 되기도 한다. 소규모의 미술관과 함께 조각공원이 여러 지점에 분포한다는 것은 도시의 문화적 향유능력을 균등히 향상시켜주고, 매력적인 커뮤니티를 만들며, 영구적인 문화적 경관조성에 도움이 된다.

26　Pocket Park 혹은 Mini Park, Vest-Pocket-Park이라고도 칭하는데, 1967년 New York시에 이어 1984년 영국의 알랜 튜롱이 노쓰템톤셔〈Northamptonshire〉에 포켓파크 프로젝트를 실시할 때 불려졌음.

중공원

Red Town, 중공원, China

신도시의 주거지역내에 설치된 조각공원으로 거주지역의 획기적인 개선을 도모하고 있다. 주민의 휴게와 미술작품에 대한 감상의 의미로 도시공간 속에 문화예술의 공간을 조성하는 것은 도시의 밀도와 환경의 개선 외에도 문화의 질적 향상을 가져와 주민의 삶을 윤택하게 하는데 도움이 된다.

대공원

大通公園, 대공원, Japan

오오도리(大通)공원은 도심의 중앙에 장방형 블록으로 구획되어 마치 도시의 허파와도 같다. 이는 휴게, 운동, 만남 등을 위해 시민과 방문객이 끊임없이 찾는 대공원이다. 이 그림은 자연석과 물의 오브제를 활용하여 보다 정적인 분위기를 연출하고 있으며, 특히 일본식 정원에서 볼 수 있는 아치교를 설치하므로 일본 근대정원양식을 느낄 수 있도록 재발견을 시도하고 있다.

2) 공원공간의 조형적 요소

공원의 가구 중에서 빼놓을 수 없는 것은 벤치, 공중화장실, 쓰레기통, 가로등 등이 있다. 공원가구의 조형적 처리만으로도 방문자에게 보다 흥미롭고 재미있는 위트를 더해줄 수 있다. 한걸음 더 나아가 공원을 둘러싸고 있는 도시의 역사와 문화적 이야기 거리를 주제로 삼아 조형물을 설치한다거나 기타 공원가구와 함께 개념적으로 조형화하면 의미상의 장소로써 공원의 위치를 설정해줄 수 있다. 공원의 조형적 요소는 동상, 다리, 정자, 원로, 벤치, 분수, 조형물 등 그 공원의 특성에 따라 적합하게 설치하면 더욱 바람직할 것이다.

Kanaaleiland Park, Belgium

WEST8이 설계한 이 랜드스케이프(Landscape) 정원은 브뤼셀(Brussels) 시의 상징적인 역사적 장소이다. 많은 운하를 가진 도시의 문화를 조형적으로 담아내기 위하여 자연은 물론 건축과 조형예술을 통합하고, 운하와 같은 흐름의 랜드스케이프 디자인을 시도하였다. 곡선형 건축조형물의 변화요소라든가 철교의 구조미는 과거의 역사성과 미래지향성을 동시에 상상하게 한다. 이처럼 공원은 역사와 문화를 상징하며, 풍경식 정원(Landscape Park)형식으로 조성할 수 있다.

3) 코너공간을 협소공원으로 활용하기

대규모 면적을 차지하는 것만이 공원은 아니다. 부지의 코너나 도시안의 협소한 공간이라도 공원개념으로 조성하면 공원이 될 수 있다. 주민들이 이용하기 편리한 생활적 협소공원으로의 기능을 갖게 한다면 도시 전체적으로 보아 단계적으로 확대할 수 있어 접근성을 높여주고, 오히려 풍요로운 도시생활공간을 만들어낼 수 있다. 협소공원의 의미는 도시민의 일상생활에서 누리기 힘든 안락한 만남과 교류의 소공간을 제공함에 있기에 보다 큰 의의가 있다.

협소공원, Japan

협소공원은 공간적으로 포켓파크(Pocket Park)보다도 더 협착한 공원공간으로 휴게공간이라는 말이 더 어울릴 것 같다. 이 그림은 구도심의 조밀한 블록사이에 접한 대지내 화단의 일부를 이용하여 협소한 공원을 만들었다. 협소공원 내 타운지도(Town Map)와 구역지도(Zone Map)를 담은 아치형의 장식된 입간판(갈색 후레임)을 설치하여 도시구조를 세부적으로 안내하고 있고, 4코너에 석조화단과 꽃나무를 심어 조경미를 더하였으며, 장의자벤치를 설치하여 휴게공간을 조성하였다. 바닥은 클링커타일로 기하학적 패턴을 창출하므로 새로운 인상을 심어주고 있다. 작지만 공원의 기능을 담고 있다. 'Less is More'(미스)에 대한 'Less is Bore'(로버트 벤츄리)의 의미를 발견해볼 수 있는 장소이기도 하다.

협소주차장, Japan

협소한 대지에 소규모 주택을 건축하거나 소공원을 조성하며, 경우에 따라 주차장을 설치하여 주민의 일상생활에 편익을 도모하는 것은 조밀한 도시공간의 적절한 활용에 있어서 하나의 지혜가 아닐 수 없다. 우리는 너무 큰 것, 기념비적인 공간을 조성하기에 바빠 일상적, 또한 실용적인 부분을 간과하는 경우가 있다. 이때 이용률이 저하되는 경험을 하게 되는데 '작을수록 아름답다(Less is Beautiful)'라는 말이 있듯이 도시의 일상생활에서 필요한 공간을 만들어내는 것이 더욱 중요하다. 이는 작지만 공유하고, 그럼에도 불구하고 상호 자족 할 줄 아는 성숙한 커뮤니티가 가져야 할 공간적 덕목이라고 말할 수 있다.

보행공간(步行空間)
Side Walk Space

도로공간에서 보행로Side Walk는 사람의 통행을 위한 도로로 안전성과 기능성을 동시에 확보해야 한다. 보행공간은 도시의 중심상업지역이나 주거지역에서 시민들의 원활한 통행을 위해 필요한 도시공간구성 요소 중의 하나이다. 일반적으로 상업지역이나 주거지역은 가로 상에 보행로가 설계되어 있지만 전원지역의 경우 간혹 인도가 확보되지 않아 주민의 통행 시에 자동차로부터 위험에 노출되어 사고로 이어지는 사례가 발생하고 있다.

한편, 보행로는 도시경관을 가장 잘 드러내는 요소이기도 하다. 이처럼 보행로는 복합적 기능을 갖고 있기 때문에 단순히 보행만이 아니라 자전거의 통행이라든가, 카페공간을 만든다든가, 판매공간을 설치한다든가, 기타 도시가구Street Furniture를 설치하는 공간으로 활용되는 등 해당 커뮤니티의 성격에 따라서 다양한 얼굴을 가질 수 있다.

보행공간은 복합기능을 갖고 있는데 그 종류에 따라 경관적 의미를 갖도록 디자인한 사례들을 보면 다음과 같다.

1) 주거지역의 보행로 디자인

개인주택의 사적 원로(園路)라 할지라도 공공공간의 보행로와의 경계적 관계를 고려하여 상호 조화로운 연결성을 부여하면 선형의 아름다운 주거지 보행경관을 만들어 낸다.

주거지역에 있어서 단독주택의 원로와 보행로의 선형(線形)디자인, Washington DC

약 3m너비의 보행로가 각 주택 정원의 원로와 연결하고 있다. 보행로는 개인공간과 공적 공간의 연결선으로, 매개적 선으로도 의미가 있다. 또한 단순히 주민의 보행만이 아니라 조깅, 애완견의 산책, 자전거통행도 가능하다. 이처럼 보행로는 안전성과 기능성과 거리의 경관을 복합적으로 고려하여 디자인하는 것이 바람직하다.

2) 상업지역의 협소 보행공간 디자인

상업지역의 보행공간은 보다 다양한 패턴을 띄고 있다. 구시가지의 경우 물리적으로 협소보행로를 가질 수밖에 없지만 신도시 상업지역의 경우 요구되는 여러 기능을 고려하여 보행공간을 보다 확장, 복합적으로 디자인할 수 있다. 그러나 중요한 것은 보행자의 안전성을 고려한 본래적 기능위에 카페 공간이나 자전거 거치대, 벤치 등의 기타 거리가구를 설치하여 복합기능을 갖게 하면 보행기능과 동시에 도시기능의 유기적 결합을 가져와 보행공간에 활력을 주며, 아름다운 가로경관을 창출하게 된다.

상업지역에 있어서 협소보행로의 디자인(편도 1차도로), Japan

보행로의 너비가 2.4m이하의 협소보행로이다. 여기서는 장의자배치, 조명장식, 화분을 부가하였다. 즉, 협소 보행공간이라하여도 보행자가 가로와 상점에 매력을 느낄 수 있도록 보행로의 도시가구를 기능적이며 심미적으로 디자인해주면 구매 욕구를 불러일으킬 뿐만 아니라 가로 전체의 독특한 경관 형성에도 바람직할 것이다. 보행로상의 통일된 상품진열과 차양의 내민 길이에 주목할 필요가 있다.

상업지역에 있어서 구도심 협소보행로의 디자인(편도 1차도로), Texas

보행로의 너비가 2.2m이하로 보행자통행과 거리가구만 설치할 수밖에 없다. 보행공간의 너비가 협소하여 자전거거치대(해마모양의 주두를 가진 말뚝형)를 보행자 진행방향으로 유도, 설치하였고, 기둥간판이나 벽 돌출간판 대신 건물 차양하부에 펜던트 간판과 펜던트 화분, 그리고 가로등 대신 벽 브라켓을 고려하였다. 좁은 보행공간에도 필요한 기능과 거리가구의 심미적 고안은 흥미를 유발하며, 가로경관의 풍요로움을 더하게 한다.

3) 중심상업지역의 보행공간 디자인

도시의 번화가는 주로 중심상업지역의 보행공간을 의미한다. 도로 전체를 '차 없는 거리'로 조성하는 방법이 있으나 대로변의 양측을 보행공간으로 설계하는 것이 일반적이다. 경우에 따라 시의 이벤트 장으로써 월별, 혹은 기념일 등의 특정일에 맞추어 도로전체를 일시적으로 보행공간화하기도 한다. 이처럼 중심상업지역의 보행공간은 도시의 얼굴과도 같다. 따라서 보행공간은 보행로포장재료 및 바닥패턴디자인으로부터 가로등, 광고판, 전화박스 등의 도시가구디자인에 이르기까지 도시의 특성을 나타낼 수 있도록 세심한 공공디자인을 필요로 한다. 페데스트리안이즘Pedestrianism, 徒步의 본래적 기능위에 상업지역이 요구하는 매력적인 요소를 담아내는 것, 특히 도시가구뿐만 아니라 야간경관의 연출에도 심미적 배려가 가장 요구되는 공간이다.

강남대로 보행공간, Seoul

넓은 보행로위에 줄무늬패턴의 화강석 깔기, 잔다듬 돌 화분, 디지털기둥간판, 가로수와 가로등, 다종다양한 간판디자인, 아름다운 건축물, 무엇보다 활기찬 젊은 보행자들의 공간이미지 등은 강남대로 보행공간의 특징과 매력이 아닐 수 없다. 세련되고 역동적인 공공디자인의 단편을 볼 수 있는데, 이러한 요소들이 종합되면 거리의 매력적 요소로 작용하여 상업공간을 활성화시킬 수 있다. 실제적으로 서울의 도시공간 속에서 존재하는 이용자축을 옮겨오게 하는 결과를 낳고 있다.

상업지역의 보행공간, Toronto

상업건물에 부착된 간판이나 돌출된 깃발, 그리고 벽화 등의 매력적인 공공디자인의 결과물은 젊은이들을 모여들게 하는 요인이 되고 있다. 차분한 도시 분위기에 대비되는 상업지역 보행공간의 독특한 분위기를 느낄 수 있다.

百東園 앞의 보행공간, Tokyo

저녁 무렵 동경시 중심에 위치한 상업지역 보행공간의 모습을 나타내고 있다. 평일에도 사람들이 많이 운집하기 때문에 도로의 횡단보도가 대각선으로 설계되어 보행거리를 단축시키고 보행속도를 증가시키도록 설계되어있다. 동시에 신호등, 간판, 차양 등의 거리가구가 세련된 디자인으로 도시풍경을 그려내고 있는 가운데, 퇴근길 셀러리맨들의 다양한 심경도 읽어볼 수 있다. 이렇듯 도심 상업지역 보행공간은 가장 번화하면서도 도시의 이미지와 특징을 이해할 수 있는 장소가 된다.

보행자 중심도로(S · Line Type 도로 만들기, 步行者 中心道路)
Street Design Based on People

도시의 가로는 참다운 지역공동체공간이며, 어떤 도시풍경에서든 시각적으로 가장 눈에 잘 띄는 곳이다. 그것은 공공통제를 받고 있기 때문에 개인의 활동을 별로 침해하지 않고 변경할 수 있다.[27] 보행자나 거주자의 안전을 위해 특히, 주거지역 혹은 상업지역에서 보행의 안전과 정차가 필요할 때 통과도로의 속도를 20km이하로 제한한다 하여도 지켜지지 않는 것이 보통이다. 속도를 떨어뜨리는 방법을 찾기 위해서 예를 들면 네덜란드의 우너프Woonerf 또는 Living Yard[28]도로형태로부터 그 지혜를 구할 수 있을 것이다.

즉, 주거지와 소규모 상업지역에서 자동차보다는 보행자가 보호되면서도 소통이 원활한 인간중심의 국지도로조성이 요구될 수 있는 것이다. 물리적으로 차량의 속도를 줄여주는데 흔히 볼 수 있는 볼라드Bollard와 같은 과도한 장애물을 설치하는 것은 바람직하지 않다. 하나의 아이디어로 직선형도로를 S-Line형도로 설계하면 속도를 줄이는 효과가 있다. 여기에 도로설계, 속도표지, 인도의 확장 및 건축선의 후퇴, 정차규정 및 정차공간 확보, 자전거도로의 확보 등의 수법을 적절히 적용하면 보행자 중심의 국지도로설계가 가능하다.

---

27   한정섭 역, 『Site Planning』(Kevin Lynch & Gary Hack), 도서출판 집문사, 1987, pp. 202~203.

28   국지가로의 작은 한두 블록으로 구획된 곳에서 차들이 도로 안으로 들어올 수 있지만 대단히 느린 속도-8~15km-로만 운행할 수 있고 보행자와 연루되는 어떤 사고에 대해서 운전자가 책임을 진다(전게서 p. 203).

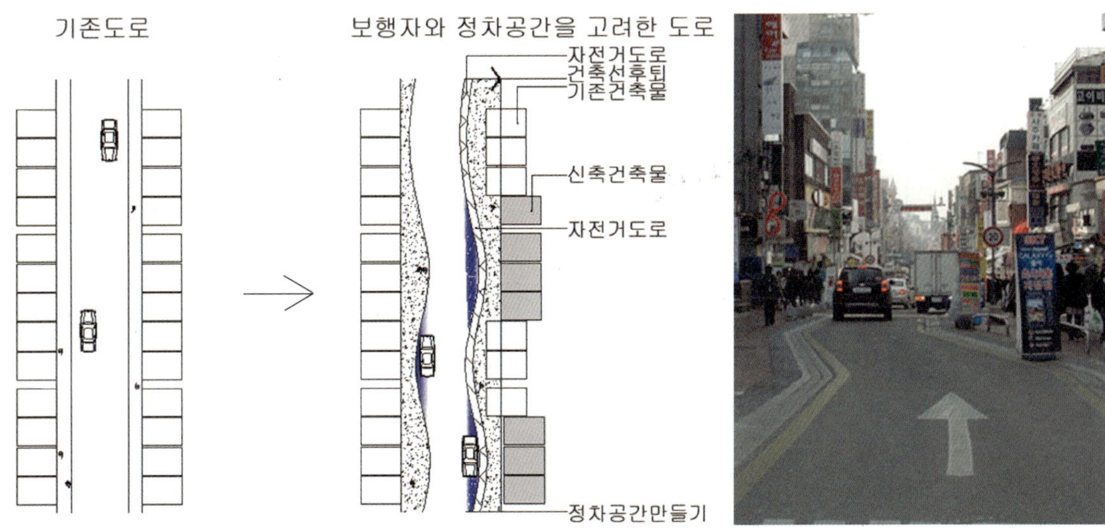

S · Line Type 도로디자인(이화여자대학교 앞의 곡선형도로)

쿨데삭 공간(空間)

Cul-De-Sac Street

쿨데삭Cul-De-Sac의 뜻은 프랑스어로 1738년, 해부학용어로 사용된 말인데 문자적으로는 자루의 밑둥 bottom of a sack을 의미하며, 건축에 있어서의 개념은 ① 막다른 골목(길), ② 더 이상 통과할 수 없는 길로 이해할 수 있다.[29] 자루와 같이 형태적으로 유사한 주거지의 쿨데삭 도로망은 20세기 초 스타인Radburn 을 설계함과 라이트에 의해서 개념화되고 구체화 되었다.

쿨데삭공간은 간선도로에서 연결되어 들어오는 작은 골목이기 때문에 커뮤니티에 상호 감시효과를 주어 범죄예방에도 유리하다. 각 섹터의 가장자리는 주거지로, 중심부에는 주차장이나 중앙광장과 같은 공공시설이 들어서기도 한다. 유사한 경우로 수퍼블록Super Block이라는 패턴이 있는데, 이는 큰 규모의 쿨데삭이라고 보는 것이 이해하기 쉽다. 수퍼블록은 하나의 단지(블록)안에서 주거와 간단한 업무 등을 모두 처리 할 수 있는 큰 규모이다.

주의할 점은 다른 거주자들이나 차량이 통과할 수 없기 때문에 입구에 입간판으로 표시해두는 것과 들어간 차량이 쉽게 나오도록 안내하는 것을 배려해야 한다.

쿨데삭의 종결부 형태는 T형, 원형, 섬형 등으로 구분할 수 있는데 일반적으로 원형을 많이 사용하고 있다. 원의 지름은 24m이하 혹은 30m이상인 경우도 나타나나 다음 그림은 일반적인 원형 쿨데삭으로 26m의 원형과 2m의 보행로로 설계되었다.

circle: r=26m

---

29   http://dictionary.reference.com/browse

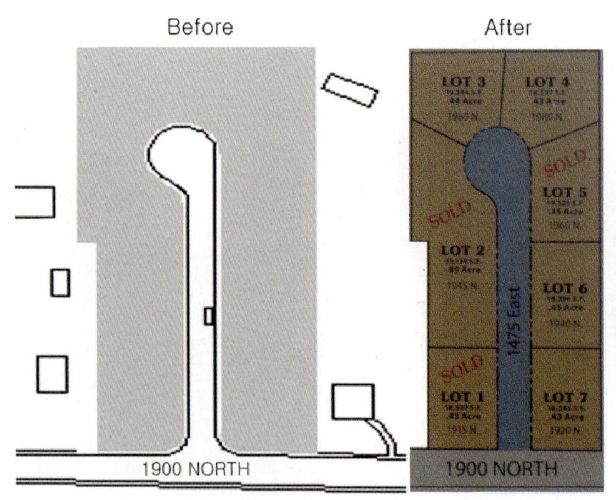

Cul-de-Sac, North Logan, Utah

보행공간의 안전성(步行空間의 安全性)
Security of Side Walk

보행공간의 식재계획은 거리의 환경과 경관조성에 있어서 매우 중요하다. 보행공간의 유형에 따라 식재계획이 달라질 수 있으나 무엇보다 중요한 것은 보행자의 시야를 가리지 않도록 안전성을 확보하는 것이다.

보행자의 안전성확보에는 첫째, 일반적으로 차량으로부터 보호하기, 둘째, 식재로 인한 시야의 가림으로부터 개방하기, 셋째, 보행자의 원활한 통행을 위해 거리가구 및 건축물의 차양 정비하기 등이 요구된다. 아래 그림은 보행로Side Walk상의 수목과 옆 화단의 식재계획의 예를 제시하고 있다. 교목과 관목을 적절히 식재하여 양호한 경관을 얻은 사례이다. 식재 후에 관목류나 교목류의 가지가 성장함에 따라 보행자 높이에서의 시야가 차단될 수 있다. 사방으로부터 시야를 개방해주어 자동차의 위험이나 범죄의 가능성에서 예방하는 것이 요구된다.

보행자의 눈높이와 안전성을 고려한 식재(가로수)계획

Bon Secours St. Francis Medical Center, Richmond
보행자의 눈높이를 고려하여 식재계획과 주차계획, 보행계획을
시도한 사례이다. 환자의 휠체어와 자전거의 안전한 통행을 위
해 보행로 도입부높이를 1cm이하로 도로면에 맞추었다. 환우
를 포함한 모든 이의 안전성을 공히 고려하고 있는 보편적 보행
공간 디자인이다.

보행공간의 식재, Washington D.C.
교목류의 가로수가 보행자와 바이커(Biker)의 눈높이로부터 개방
되어 있어 시야를 가리지 않고 안전성을 확보하고 있다. 주기적인
식재관리가 요구된다.

대지 안에서의 개방과 식재, Logan, Utah
주택은 펜스나 담장을 쌓아 안전성을 확보하는 경우가 일반적
이다. 만일 개방식으로 정원을 가꿀 경우 거주자의 출입 시 시
선에 방해되지 않도록 시야를 확보할 필요가 있다. 특히, 건조
지역(Dry Area)에서 교목류의 정원수를 식재하므로 거주자와
건축물에 그늘을 얻고자 계획하는 사례를 흔히 발견할 수 있다.
즉, 주택설계에 있어서 적적한 색재계획을 세워 기후적으로 열
악한 환경을 개선하고, 동시에 안전성을 확보하므로 쾌적한 주
거환경을 얻는 것은 무엇보다 중요하다.

아웃도어 존
Outdoor Zone

건축의 아웃도어 존Outdoor Zone은 커뮤니티에 따라 다양한 표정을 띤다. 커뮤니티가 가지고 있는 건축
양식과 토지이용, 건축물의 고도제한과 지붕형태 및 창의 구조, 그리고 건축선 등은 도시의 표정을 만
들어내는 주요한 요소가 된다. 법규와 규정에 따라 도시형태가 만들어지지만 건축물의 아웃도어 존을
어떻게 디자인하느냐에 따라서도 도시의 표정이 달라진다. 일반적으로 볼 수 있는 통행중심의 가로공
간 외에도 도시민의 일상생활로써의 카페테리아 공간이라든가 휴게공간 등이 조성되면 보다 더 풍요
로운 낭만적 거리분위기를 연출할 수 있게 될 것이다.

　　우리나라는 사계절이 뚜렷하여 늦가을로부터 초봄에 이르기까지는 외부공간에서 식사를 한다든가

커피를 마시는 행위는 다소 무리가 따른다. 반면에 동남아시아나 사시사철 기후가 좋은 지중해연안 지역 및 북미의 남부지방, 그리고 온화한 유럽지역에서는 아웃도어 존에 카페를 설치한 것이 일반화되어 있다. 풍요로운 외부공간에서의 휴게와 식음을 즐기기 위함이다. 기후적인 요인이 일상생활 공간 및 음식문화공간에도 자연스럽게 녹아들어 풍요로운 아웃도어 카페테리아 공간을 만들어 내는 것이다.

라틴계의 커뮤니티가 선호하는 아웃도어형 카페테리아문화는 이제 우리 도시공간의 레스토랑이나 상점 앞의 데크Deck공간에서도 흔히 찾아보게 되는데, 이러한 경향은 금후 더욱 확산될 것으로 전망된다.

카페공간의 종류

카페공간의 종류는 식음의 종류, 아웃도어 오픈공간의 유형, 그리고 배치형식에 따라 다음과 같이 여러 가지 형태를 취할 수 있다.

- 식음의 종류에 따라서는 와인형 카페, 레스토랑형 카페, 커피카페 등으로 구분할 수 있다.
- 아웃도어 오픈공간에 따라서는 가로형 카페, 중정형 카페, 옥상형 카페, 수변공간형 카페 등으로 분류할 수 있다.
- 배치형식에 따라서는 아일랜드형 카페, 실내외연결형 카페로 구분할 수 있다.

이처럼 외부카페공간의 설치는 첫째, 카페의 장소적 입지특성을 분석하고, 둘째, 내부공간과의 연계성과 외부공간의 통행성을 파악하여 외부카페공간의 형태와 위치를 정하며, 셋째, 외적 조건으로 도로 및 보행로폭 등 환경과 유기적 순환구조를 고려하여야 한다. 마지막으로 넷째, 카페공간의 디자인 및 구성요소를 고려해야 한다. 공간의 크기, 바닥의 재질, 난간의 유무, 테이블과 의자형태, 화분 등의 장식적 요소 등이 통행은 물론 거리경관에 조화를 이루도록 가이드라인을 설정하는 것은 무엇보다 중요하다.

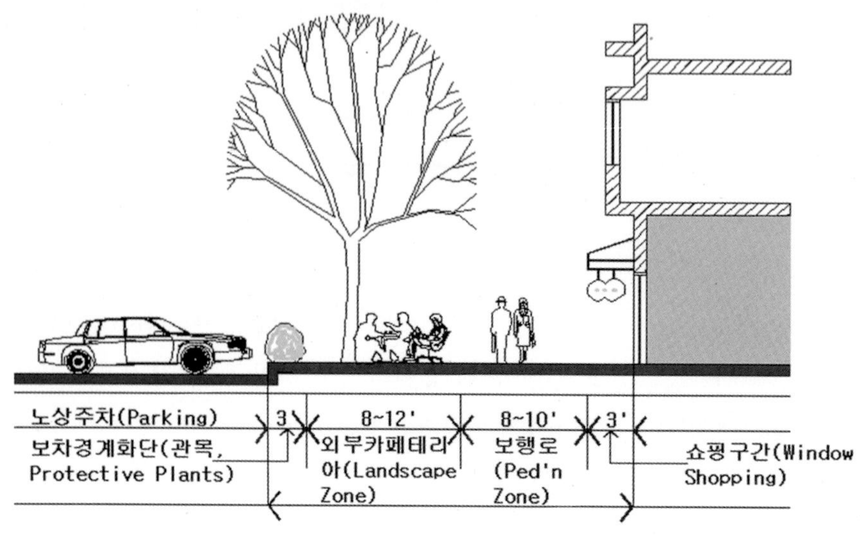

전형적인 외부카페공간(Outdoor Dining)의 패턴,
Sheridan Circle on Embassy Row, Washington, DC

레스토랑에 면하여 외부카페테리아를 만들었다. 보행공간이 넓지 않은 경우의 계획 사례로 볼 수 있다. 도로, 보행, 내외카페공간의 동선 흐름, 가구 및 간판 등의 환경물 등이 상호 유기적으로 조화를 이루도록 규정되어 있음을 이해할 수 있다.

외부식음공간의 유형(外部食飮空間의 類型)
Types of Outdoor Dining

아일랜드형 카페(Island Type)

MLC Center, Castlereagh street, Sydney

넓은 통로공간을 이용하여 외부카페테리아를 섬형으로 설치하였다. 통행에 혼잡을 초래하지 않는 장소에서 카페공간을 조성하면 더욱 바람직하다. 건축물 앞 광장에 조각과 같이 펼쳐진 카페의 파라솔은 도시공간을 천으로 수놓은 것 같은 악센트적 공간연출도 기대하게 된다.

옥상형 카페(Flat Roof Type)

Flat Roof Cafe, Praha

옥상공간을 활용하여 카페를 만든 경우이다. 고딕스타일의 지붕경관을 바라보며 음식과 대화와 휴게를 즐기는 광경은 커뮤니티의 역사와 함께 하는 시간이다. 커뮤니티의 경관조성에 있어서 건물의 파사드 형태만 중요한 것이 아니라 건물의 앞뒤양면과 지붕형태가 얼마나 중요한지를 이해하게 된다.

미니카페(Mini Cafe Type in the Street)

미니카페, Osaka

카페테리아공간의 연장으로 외부에 면하여 아주 소규모로 카페
를 만들었다. 이는 가장 일반적인 형태이다. 소규모상점의 아웃
도어 카페에 보다 유리한 형태이다. 관리가 용이하고, 서비스의
질도 향상시킬 수 있는 장점이 있다. 건물의 입면에 인상적인 이
미지를 심어줄 수 있고, 개성이 있는 거리풍경도 만들어 낼 수 있
다. 그러나 도시미관을 헤치는 과도한 장식은 주의해야 한다.

데크형 카페(Deck Cafe Type)

데크형 카페(Deck Type Cafe), U.S.A.

주로 식당에 면해서 외부공간의 바닥에 오크류의 데크를 깔아
카페공간을 만든다. 주로 서양인들은 외부공간에 의자와 테이블
을 배치하여 놓으면 내부공간보다 이 데크공간을 선호하는 경향
이 많다. 왜냐하면 음식은 물론 자연과 도시경관을 감상하며 대
화식의 음식을 즐길 수 있기 때문이다. 따라서 내부공간 못지않
게 외부공간에 대한 디자인에 관심을 갖게 하는 것은 당연한 일
인지도 모른다. 녹화된 지붕은 공간구성에 있어서 스크린과 같
이 대상적 역할을 하고 있다.

문화예술공간(文化藝術空間)
Art and Cultural Space

문화文化라는 말은 영어로 'Culture'인데, 그 말의 어원은 'Cultivate耕作하다'에서 유래되었다. 여기서 '문
화'의 생성기원은 농사와 농경생활과 관련이 있었음을 알 수 있다. 실제적으로 예술藝術이라는 말이 담
고 있는 문자적 조합을 분해해보면 문화와 예술, 그리고 농경생활과 예술은 깊은 관련이 있었음을 이
해하게 된다. '藝'자는 'Green', 'Land', 'Technology', 'Environment'가 복합적으로 조합되어 만들어졌
다. 이것은 과거에 예술이란 농경사회에 있어서 최고의 기술이었다는 점과 이를 기반으로 생활과 예
술이 문화화[30]Enculturation, '인간 삶에 필요한 기본적인 행동양식을 형성하고 습득하는 과정'되어 농경문화예술을 만들어냈다는
점을 이해할 수 있게 한다. 그러므로 문화예술의 기원은 인간이 군집하여 농경생활을 할 때부터 농사
와 관련된 일상생활에서 비롯되었다고 해도 틀림이 없을 것이다. 실제로 역사를 거슬러 올라가 보면
인간이 거주하였던 곳이라면 어디나 농사수렵 등와 관련된 음악과 미술, 그리고 춤 등의 생활예술적 흔

---

30   한국문화예술진흥원 문화발전연구소, 『도시문화환경 개선방안 연구』, 1992

적을 발견할 수 있고, 악기나 벽화 등을 통해서도 당시의 생활상을 이해하게 된다.

한편, 문화文化는 문학文學, 종교宗敎, 예술藝術, 교육敎育 등을 의미하고, 문명文明은 기술技術, 경제經濟, 법제도法制度 등을 의미한다김권정, 世界文化史의 理解고 정의되어지고 있어 인간의 내적인 정신개발의 측면들로도 해석할 수 있는데, 문화란 어떤 개인이 태어났거나 생활하는 지역과 사회로부터 습득한 모든 것으로써 개인의 행동을 규정하고 가치관과 의식에 방향을 주는 작용력을 말한다강병기, 삶 곁에 있어야 할 都市의 文化空間라고 정의할 수 있을 것이다. 따라서 문화와 생활과의 관계는 매우 밀접한 관계가 있으며, 공동체적으로 규범화될 때 이를 수용하기 위한 문화공간화과정을 만들어내게 되는 것이다. 이 문화공간화과정은 인류문화사적으로 넓은 의미에서『문화화된 공간』과 좁은 의미에서 논의되는『문화를 위한 공간』으로 구별해볼 수 있는데,『문화화된 공간』이란 보다 포괄적인 의미로써 도시환경과 지역에서 형성된 공적 문화예술공간이다. 예를 들면 문화의 거리, 공원, 공동주택의 마당, 광장과 같이 문화생활 중심의 공공공간을 의미한다. 반면,『문화를 위한 공간』이란 특정 목적을 가지고 프로그램을 제공하는 실체화된 공간으로써 예를 들어 문화예술회관, 다목적홀, 미술관 등의 물리적 공간을 의미한다. 이 두 가지는 마치 커뮤니티의 문화예술을 구성하는 축과 같아 상호 양적, 질적 균형을 이룰 때 균형 잡힌 문화도시라고 말할 수 있을 것이다.

이와 같이 문화공간을 형성하는 데는 생활과 예술과의 관계가 밀접함을 알 수 있는데, 예를 들어 7C경, 그레고리안 찬트Gregorian Chant가 채집되면서 종교음악이 규범화되었고, 서양음악이 종교적 생활 속에 깊이 뿌리내리기 시작하였다. 18C~19C경에는 바로크Baroque시대의 대위법, 고전주의Classicism양식의 소나타형식, 그리고 낭만주의Romanticism의 개인감정에 호소하는 자유로운 형식 등이 나타나 근대음악시대를 열게 되는데, 이 과정에서 인간의 생활과 예술은 더욱 밀접한 관계를 형성하게 된다. 근대미술의 경우도 마찬가지로 미술은 지금까지 건축의 영역과 통합되어 오다 인상주의Impressionism 미술이라는 독특한 예술장르를 만들어내어 독립적으로 길을 걸으면서 예술가들에게는 캔버스Canvas가 더 이상 실내에 갇혀있는 것이 아니라 자연과 밖의 외부공간으로 나와 자연의 현상을 사실대로 발견하는 것이라야 했다. 객관과 숭고함과 이성에 몰두했던 종전의 주제들이 주관과 일상성과 감성에 호소하는 커뮤니티생활 속의 소박한 주제들로 치환된 것이다. 마치 음악에 있어서 연주의 주제나 주인공이 일상생활과 일반인들로 등장케 했던 것과 동일한 변화로써 근대사회로 부터는 생활과 예술이 동떨어진 것이 아니라 일체화된 모습으로 변화되었던 것이다.

현대적 개념으로 본 문화예술의 의미는 사회구성원에 의해 공유되는 지식의 총체로써 예술의 제 장르를 포함한다고 볼 수 있다. 도시마다 문화예술을 담기 위한 도시건축행위만 보더라도 현대인들에게 문화예술이란 일상생활과 깊은 관계를 맺고 있음을 알 수 있다. 현대인의 도시 삶속에서 문화예술이 담긴 공간은 도시민의 내면에 풍요로움과 여유를 가져다 줄 수 있기 때문에 문화시설과 같이 건축물로써의 정제된 공간이 아니더라도, 자연스럽게 도시 곳곳의 생활공간이 문화예술의 공간으로 녹아들어가 있다. 따라서 도시커뮤니티의 매력 중의 하나는 도시가 갖고 있는 문화예술의 활동공간이다. 즉 어느 도시가 음악, 미술, 연극, 건축 등의 문화시설을 얼마나 균등배치하고 있는 것만이 아니라 도시거리의 문화화文化化된 공간을 어떻게 형성하고 있는 지에 따라 문화도시로써의 특성을 규정할 수 있을 것이다. 누구나 커뮤니티 고유의 문화예술활동에 참여하고, 함께 공유하여 즐기도록 공간적으로 대응하는 것은 커뮤니티 디자인에 있어서 매우 중요한 요소가 된다.

구체적으로 도시의 문화적 기억으로 볼 때 루지에나 뉴올리언스는 재즈음악의 도시로, 오스트리아

비엔나는 근대 클래식음악의 도시로, 스페인의 마드리드는 투우문화의 도시로, 프랑스 파리는 샹송음악의 도시로, 영국의 아비로드Abbey Road는 팝아트의 거리로, 그리고 남미의 도시들은 거리음악의 연주공간 등으로 각각의 특성과 음악적 풍경을 그려보게 되는데, 이처럼 도시의 문화예술적 활동과 공간적 대응은 커뮤니티의 문화적 특징으로 종합되어진다.

1) 역사적 장소로써 현재와 공존하는 고대문화공간

Theater in the Round, Turkey

고대 로마의 원형극장이자 인류의 역사적인 공연장이다. 희랍시대와 로마시대에 있어서 원형극장은 커뮤니티의 대표적인 문화시설로써 크고 작은 문화예술행위 만이 아니라 집회공간으로써의 역할을 담당하였다. 로마시대의 경우 원형극장에 지붕이 없었기 때문에 하류 노예계층과 시민계급들이 천으로 받쳐 그늘을 형성했던 노천극장형태이다. 현재, 고대예술의 재발견으로 이를 그대로 방치하는 것이 아니라 개발과 보존과정을 거쳐 지금도 살아있는 역사문화관광지와 갈라 콘서트 장으로 활용하고 있는 사례가 많다. 이곳은 거의 매일 전 세계의 순례자들이 성가연주의 장 또는 기획공연공간으로 활용하고 있어 과거와 현재가 공존하는 문화예술 공간으로 재생되고있다. 역사적 문화예술 공간이 현대인의 삶 속에서 살아 숨 쉬게 하는 발굴은 지역주민은 물론 그로벌시대의 세계인에게 문화유산으로써의 가치를 공유하게 한다는 점에서 큰 의미가 있다.

2) 현대도시의 시민을 위한 문화향유공간

Centre Georges Pompidou, Paris

렌조 피아노(Renzo Piano)와 리처드 로저스(Richard Rogers)가 설계한 파리의 퐁피두센터이다. 이 복합문화시설은 각종 설비가 노출되어 순수공연전시공간을 최대한 확보하고, 존중하는 기법으로 설계되었다. 기술과 건축의 융합을 시도하여 독특한 건물의 표정을 만들어내고 있다. 실내만이 아니라 옥외광장은 예술행위(Performance)의 장으로, 시민의 사랑 받는 문화공간이 되었다. 이와 같이 도시가 문화예술공간을 계획적으로, 적극적으로 만들어주는 것은 도시의 아이덴티티와 문화적 생명력을 한층 고양시키는 방법이 된다.

가로의 문화화공간(街路의 文化化空間)
Enculturation Place in the Street

도시경관구성에 가장 큰 요소로 작용하는 것은 건축물과 가로공간이라고 해도 과언은 아니다. 그만큼 가로는 도시경관을 만드는데 중요한 요소이기 때문이다. 대부분 누구나 가로에 접어들면서 도시에 대한 인상을 받기 때문에 가로는 도시의 얼굴이라고 말할 수 있다.

　가로공간에는 거리가구Street Furniture, 가로수, 도로포장, 간판 등 다양한 환경디자인의 구성요소들을 담고 있어 해당 커뮤니티의 독특한 특징을 만들어 낼 수 있다. 유무형의 문화화文化化된 공간, 즉 음악의 거리, 퍼포먼스의 거리, 수문화의 거리, 그림의 거리, 심지어 휴게와 명상의 거리 등의 다채로운 가로의 문화화된 공간은 커뮤니티의 특징을 보다 실체적으로 드러낸다. 따라서 가로공간은 부분적인 악센트 디자인으로부터 가로 전체를 풍경風景으로 디자인하는 종합적 안목이 필요함을 간과해서는 아니 된다.

퍼포먼스 · 음악 · 미술의 거리, 대학로, Seoul
가로 상에서 팝아트이든 고전예술이든 인간이 창조한 예술을 펼치면 가로는 문화의 거리로 변한다. 이것을 가로의 문화예술적 공간이라고 규정하기도 한다.

나무조형물과 자연석 벤치로 조성된 문화의 거리, 청량리역광장, Seoul
알루미늄 나무조형물과 흑석 벤치는 행인들에게 휴게기능과 함께 창조적 가로공간으로 느끼게 한다.

계획적 친수공간조성, Tokyo
주거지가로변에 계획적으로 친수공간을 조성하였다. 커뮤니티 공간속의 휴식, 영육의 회복공간을 조성한 것이다.

전통거리와 친수공간(親水空間), 운난성 백족마을, China

물과 인간과 마을이 공존하는 전통거리는 오랜 생활 속에서 생명과 유기체로 존재해왔다. 시냇가의 미미한 존재에서 수문화공간으로, 거리의 친수공간으로 그 가치를 제시하며 재생되었다.

거리의 문화예술 공연공간 만들기(距離의 文化藝術 公演空間만들기)
How to Build Performance Space in the Street

거리가 갖고 있는 문화예술의 활동은 그 거리가 갖는 독특한 문화적 아이덴티티Identity를 말해주는데 소위 길거리 공연을 비롯하여 퍼포먼스Performance와 그리기 등 여러 장르에 걸쳐 다양하다. 일반적으로 문화시설을 설계하기 위해서는 우선 커뮤니티의 문화활동 총량과 문화향유능력을 파악하여 시설의 기능과 규모를 산정하는 것이 바람직하나 거리의 문화예술공간화를 위해서는 커뮤니티가 갖고 있는 문화적 특성을 발굴하고, 잘 들추어내는 과정과 시민참여가 선행되어야 한다.

거리의 문화예술 공간화를 보다 특징적으로 조성하기 위해서 무엇보다 중요한 것은 일시적 계획으로 어떠한 인위적 문화예술의 행위를 도입하기 보다는 커뮤니티에 거주하는 시민들의 재능들을 모아 공간화하는 것이다. 상대적으로 지속가능한 의미를 담고 있기 때문이다. 커뮤니티에 내재된 문화적 행위들은 독특한 아이덴티티를 형성하면서 지역문화공간으로 만들어 줄 것이다. 이처럼 거리의 문화예술이 갖는 지속성과 공간성은 결국 도시의 특징으로 드러나고, 볼거리를 제공해주며, 머무르게 하는 과정으로 연계할 수 있어 거리가 활성화단계로 진입하는 계기가 될 수 있다.

시각적 연기

자전거묘기 퍼포먼스, Paris

문화의 도시인 파리의 일상적 퍼포먼스 단편을 잘 표현해주고 있다. 다양한 예술적 요소가 잠재되어 있는 파리의 문화적 풍경을 한눈에 이해할 수 있다. 연기자의 모노 퍼포먼스는 방문객들에게 흥미를 유발하면서 도시에 대한 강한 인상을 심어줄 수 있다.

청각적 연주

재즈 브라스밴드 거리공연, New Orleans

거리는 주택, 상점, 가로등, 자동차 등만 있는 것이 아니다. 눈으로 보는 풍경도 있지만 청각을 통해서도 거리를 느낄 수 있다. 귀에 익숙한 선율이나 행진곡 등을 들을 수 있게 하는 매홀커버디자인(Manhale cover Design)이라든가 재즈의 연주 등 다양한 형태의 청각적 요소가 있다.

거리가 담고 있는 청각적 요소는 그 지역의 이미지를 나타나는데 중요한 수단 중의 하나이다. 거리의 문화는 지역주민이나 방문객들에게 시각과 청각, 그리고 심정으로 다양하게 담을 수 있다는 것이다. 이를 잘 활용하면 도시의 이미지를 재고시킬 수 있다.

거리의 공연

스포츠태권도시범경기, Gombong, Indonesia

우리나라의 대표적 운동종목인 태권도의 시범경기이다. 길거리에 지역주민들이 호기심을 가지고 모여들었다. 길거리 농구를 비롯한 스포츠공연(활동)도 타 문화예술의 장르 못지않게 거리에 활력을 더하는 중요한 요소 중의 하나이다.

광장공간(廣場空間)

Square

종전의 우리의 도시공간은 근대화로 인한 도시팽창에 비해 일상생활 가운데 필요한 안식과 휴게, 경스포츠 등의 정서적 문화공간이 부족하였던 것이 사실이다. 과거, 시청 앞 광장과 여의도광장 등은 주로 대규모 관주도적 집회행사로 활용되어 왔으나, 점점 도시 근린생활공간에서의 문화집회공간의 부족현상이 드러나면서 생활권내의 소규모광장이라든가 포켓파크 등을 필요하게 되었고, 도시의 문화적 삶의 질을 향상하는데 도움이 된다는 사실을 발견하고 다각적으로 도시광장을 조성하기에 이르렀다.

이처럼 도시광장은 장소Place, 광장Plaza, 포켓광장Square 등 여러 형태로 구분해 볼 수 있는데, 가토加藤 교수는 유럽의 광장에 주목하여 광장의 역사, 구체적인 형태 및 기능을 다음과 같이 분류하고 있다.[31]

- 역사적 분류: 고대광장, 중세광장, 르네상스광장, 17·18세기 광장, 현대광장
- 형태적 분류: 위요형(圍繞型) 광장, 유축형(有軸型) 광장, 유핵형(有核型) 광장, 연소형(連鎖型) 광장, 무정형(無定型) 광장

---

31   日本建築學會 編,『空間學事典』, 井上書院, 1996, p.200

- **기능적 분류**: 군사광장, 종교광장, 시민광장, 시장광장, 교통광장, 생활광장(어린이 놀이공간, 지역주민의 축제, 이벤트 등의 커뮤니티 활동을 행하는 광장)

Grand Arch, La Defense, Paris

그랑 아슈(Grand Arch)의 계단은 마치 도시언덕과 같은 만남의 장소를 불특정다수에게 제공해주고 있고, 도시를 바라보며 쉴 수 있는 휴식의 장을 마련해주는 커다란 도시의자와도 같다. 파리의 시민이나 방문객 모두는 갖가지 목적을 가지고 광장에서 자유롭게 활동하며, 즐길 수 있는 공공공간이다.

Trafalgar Square, London

1805년, 근대영국의 트라팔가(Trafalgar) 해전전승을 기념하기 위해 조성한 광장이다. 런던의 중심에 위치하고 있어 특히, 이벤트 공연(한류의 팝 공연 등)장으로 활용되는 축제의 장인 동시에 시민 모두에게 휴식과 산책의 공간이기도 하다. 도시에 활력을 불어넣어주는 공공공간이다.

Quad Square, USU

쿼드광장중심으로 본관, 강의동, 연구실 등이 배치되어 있다. 일반적인 캠퍼스 공간구성패턴 중의 하나이다. 대학의 구성원들은 광장의 '十字'형의 직선보행로로 통행하도록 유도되고 있지만 자연적으로 샛길(Fork Way)을 만들어내고 있다. 즉, 광장사이에 최단의 자유로운 곡선(동선)형 길을 낸다. 전체적으로 이 쿼드광장(Quad Square)은 캠퍼스의 구심점의 역할을 하며, 휴식과 독서, 놀이 등의 다목적 광장으로 활용되고 있다. 형태적으로 보면 건축물과 울창한 교목류로 둘러싸인 위요형(圍繞型) 광장이다.

수로공간(水路空間)

Waterway Space

인류문명의 발상지를 보면 모두 다 강 유역에 도시를 형성하였으며, 심지어 건조기후인 이스라엘의 키부츠나 신도시 아라드Arad, 1962년, 이스라엘의 첫 번째 계획도시의 경우도 관계수로를 활용하여 커뮤니티를 형성한 것을 보면 도시에서의 수로가 얼마나 중요한지 이해할 수 있다. 물은 도시의 생명이기 때문이다. 과거로부터 수자원이 부족했던 도시는 원거리로 부터 수로水路를 만들어 필요수량을 확보하였다. 고대 로마의 지배를 받았던 도시들을 보면 당시의 수교水橋가 현존하여 수문화에 대한 도시역사를 읽게 하는데, 이로써 도시의 특징을 나타내기도 한다.

한편, 현대인의 일반적인 이동수단은 육로를 이용하는 자동차이다. 자동차는 도시환경을 악화시키고 기존의 화석에너지에 의존해야 하기 때문에 이동수단을 대처할 수 있는 기술을 개발하면서 한편으로 '자전거 타기'를 권장하기 위해 도로교통시스템을 체계적으로 재정비하고 있다. 도심에서의 자전거 타기는 자전거 전용도로를 필요로 하기 때문이다.

반면에, 대부분의 도시가 물길이라는 천혜의 자연환경을 갖고 있기 때문에 소운하의 건설을 통하여 수상로로의 보트이용을 고려하는 경우가 있다. 물의 도시 베니스가 아니어도 이동로로 활용 가능한 물길을 계획한다는 것은 도시환경개선과 도시의 매력을 증진하는 경관요소가 될 것이다. 발상의 전환이 요구될 때가 있다.

도시 보트파킹장, London

보트를 교통수단으로 활용하는 예이다. 주거단지에 보트를 정박시킬 공간을 계획한 것은 물이라는 자연의 풍요로움과 보트라는 이색적 이동수단이 기능과 효율성을 넘어 아름다운 주거지 경관을 창출하게 한다. 육로와 수상로를 연계하는 유기적인 교통네크워크가 형성되고, 고도의 치수기술을 활용한다면 교통수단의 다변화는 물론 도시경관에 흥미를 더할 수 있다.

소운하와 커뮤니티, Okinawa

도시를 관통하는 소운하는 이동수단의 수상로로, 도시의 수문화공간 요소로 다기능을 담당하고 있다. 수로는 도시경관에 있어서 양호한 자원이다. 이를 유익하게 활용하기 위해 지혜와 치수기술을 더할 때 커뮤니티의 재창조공간을 만들어낼 수 있는 요소가 된다.

시장(市場)

Market Place

일반적으로 마켓은 첫째, 일상생활과 관련된 편익시설로 상점과 백화점 등의 상업시설, 둘째, 오랜 기간 형성되어온 재래시장으로 구분한다.

　시장市場이란? 일상적 생필품을 구입하는 구매의 장소이지만 남녀노소 불문하고 누구나 언제든지 방문하여 만나고, 먹고, 담소하는 장소이도 하다. 이와 같은 재래시장은 여러 가지 생필품을 구입하는 장소로써만이 아니라 교류의 장소로 그 가치가 많은 곳이다. 스피드시대에 재래시장은 불편하고, 느림의 공간으로써 바쁜 현대인에게 적합하지 못할 지도 모른다. 실제로 도심 한 가운데 위치한 백화점과 대형마트SSM, Super Supermarket의 유입으로 동네슈퍼마켓과 재래시장은 활력을 잃고 있다 해도 과언은 아니다. 이것은 상권의 침체가 아니라 지역의 슬럼화와 과소화현상으로까지 가져올 수 있기 때문에 지역마다 재래시장 활성화의 중요성을 인식하고, 고민하는 문제가 아닐 수 없는 것이 현실이다.

　따라서 소도읍은 물론 지방 중소도시 역시 침체되어가는 재래시장을 활성화시키기 위해서 기존의 개별가판형식을 모듈화하고, 간판을 정비하며, 야간경관조명을 더한 몰mall의 개념을 도입하는 등 시설을 대대적으로 정비하고 있다. 특히, 주차장시설을 확보하는 등 다각적인 진흥책과 활성화정책을 추진하고 있으나 뉴타운건설과 공공시설의 이전에 따른 인구분산으로 현실적으로 재래시장의 활성화에는 적지 않은 어려움이 나타나고 있다.

　그럼에도 불구하고 재래시장을 살리는 가치는 단순히 물건을 사고파는 상업시설로써가 아니라 지역주민의 일상생활의 장으로써 인간적, 정서적 가치와 고유한 지역특징을 담고 있다는 점과 계층 간의 교류 및 다종다양한 상품구매의 기회를 제공해준다는 점에서 보존의 의미가 있는 것이다.

지역에 따라서 아직까지 재래 5일장을 보존하면서 지역의 활성화를 꾀하는 곳이 많은데, 2011년 현재, 전국적으로 1,517개[32]가 분포하고 있어 시장의 보존과 개발의 여지를 남기고 있다. 이는 커뮤니티의 특징과 구매에 대한 지속성을 의미해왔다고 볼 수 있기 때문에 더욱더 보존할 가치가 높다.

주민과 외부인과의 교류의 장이요, 지역의 고유한 토속문화의 체험 장

우리가 흔히 볼 수 있는 마을의 중심부나 거리 모퉁이에서 발생하는 일일장터는 읍면단위의 5일장과는 달리 비정기적이다. 집단적 혹은 개인적이지만 마을을 찾는 방문객이나 행인들을 대상으로 주민이 직접 재배한 신선한 농산물을 직거래한다는 장점이 있다. 상설시장은 아니나 주민과 방문자간에 교류의 장이 되고 있다는 점에서 접촉점의 의미를 담고 있어 가장 낮은 단계의 상업적 장소로써의 커뮤니티의 소중한 공간이 아닐 수 없다.

Mercat de Sant Josep de la Boqueria, Barcelona.

1217년에 처음으로 언급되었고, 1914년에 건립한 메탈지붕은 지금까지 사용되어지고 있다. 이처럼 재래시장은 장구한 지역의 역사문화를 배경으로 성장해왔기 때문에 가공할 만한 첨단의 현대사회에서도 지역의 특성을 이해하는 데 가장 좋은 장소이다. 현대적 구매시설(상업시설)이 합리적, 경제적 공간이라 하면 재래전통시장은 정감이 넘치고, 만남을 촉진하는 인간중심적, 정서적 공간이라 할 수 있다.

일일시장, 외암리마을, Asan

마을이 주변의 자연경관과 농업경관을 배경으로 원래의 건축을 그대로 간직한 채 전통의 유지와 주민참여로 아름답게 마을을 가꾸어나가고 있다. 전통적 마을경관이 양호하다. 마을의 동구에 있는 마을 숲(洞藪)은 소나무 숲으로 마을입구의 서쪽부를 보완해주면도 개천의 수구막 기능도 담당한다. 마을 숲 앞부분의 공터는 마을주민이 직접 재배한 농산물을 거래하는 일일장터가 열리는 곳으로 이는 소득을 넘어서 방문객들과 주민이 교류하는 장으로써 의미가 크다 하겠다.

마을을 찾는 방문객을 대상으로 주민이 직접 재배한 농산물을 직거래한다. 신뢰성이 높다. 유통과정 없이 경작지에서 바로 채취하였기 때문에 선도가 높다. 비록 상설시장은 아니지만 구매의 장을 만들어주고, 주민과 방문자간에 교류의 장이 되고 있다는 점에서 접촉점의 의미가 크다. 현재, 아파트문화의 고립적 인간관계에 있어서 하나의 모델이 될 수 있는 것이 마을시장이다. 구매와 만남과 접촉의 기회를 제공해주는 것이다. 이는 건강한 사회를 유지하는 최소한의 단위요, 소통의 장인 것이다.

---

32   시장경영진흥원 통계자료, 2011

도시근교 농산물직거래장, Richmond 근교

구미지역에서 주민이 생산한 농산물을 가판에 설치하고 직거래하는 광경은 흔히 볼 수 있다. 특히, 개인이 소장하던 물건을 주말을 이용하여 저렴한 가격에 주택정원에서 판매하는 그라지 세일(Garage Sale)은 일상 생활화되어 있다. 구매와 판매의 행위이면에 이웃 간의 교류의 장이 된다는 점에서 커뮤니티의 가치가 있는 것이다. 이와 같은 자원의 재활용방법은 지속가능한 마을 만들기의 한 방법으로써 지혜로운 생활패턴을 제공하게 한다. 고가구나 가면무도회용 의상 등 아주 토속적인 물건들을 구매할 수 있는 좋은 기회를 제공하기 때문에 재래시장 혹은 직거래장만이 갖고 있는 심연의 생활문화행위라고도 해석할 수 있다.

옥상공간(屋上空間)
Rooftop Space

주거지나 상점가의 건축물에 있어서 옥상공간은 지붕형태에 따라 형성된다. 옥상공간을 확보하고자 하는 계획은 도시건축에서 부족한 대지문제와 환경문제를 개선하는 차원에서도 바람직하다. 우리나라의 경우 전통주거는 맞배지붕과 팔작지붕 등의 박공형 지붕을 기본형으로 하였기 때문에 옥상이라는 개념을 가질 수 없었지만 근대화이후의 지붕개량과 기능주의주택이 건립되면서 평지붕 옥상공간을 갖게 되었다. 현대건축의 평지붕Flat Roof형태는 일반적으로 특히, 대형건축물에서 많이 볼 수 있는데, 이는 각종 설비를 올려놓거나 옥상정원Roof Garden, Sky Garden으로 부족한 대지와 녹지공간을 대치하는 방편으로도 활용된다.

한편, 옥상녹화는 단지 기계설비나 정원으로만의 기능이 아니라 건축물의 에너지를 절약해주는 실내 열환경 개선 상 더욱 더 권장되고 있는 것이다. 현대건축의 거장, 르 꼬르뷔제는 그의 건축설계 5원칙에서 옥상정원을 의도적으로 포함시켰던 것은 현대건축의 경향을 예견한 시도라 볼 수 있다. 이처럼 현대도시공간속에서 옥상건축은 중요한 공간이 되었다. 옥상정비는 도시의 스카이 뷰Sky View에 있어서도 요구되는 사항이다.

평지붕 옥상과 녹화(Flat Roof Green)

계단형지붕 옥상녹화(Step Roof Green)

아크로스, Fukuoka

계단형의 옥상을 전체적으로 녹화하였다. 옥상녹화는 거주자의 주거환경과 도시경관 속에서의 녹지공간조성에 유익하다.

박공지붕형 옥상녹화(Gable Roof Green)

나키진공민관, Okinawa

지역 색을 살려 붉은색 기둥과 기와를 장식하고, 옥상에 넝쿨식물을 올려 콘크리트옥상을 녹화하였다. 이곳은 태풍이 많은 지역으로 옥상일부의 녹지공간이 사라지는 위험도 발견하게 된다.

옥상공원(Roof Garden), Gangnam

강남 세브란스병원의 옥상을 조형적으로 처리한 것이다. 이는 환자에게 안정과 위로를 주기 위해 심미적 치료효과를 피한 하나의 예술적 활용방안이다.

Market Street Inn, Charleston

여관의 옥상에 카페공간을 조성하여 투숙객들이 저녁노을과 함께 휴식을 동시에 즐기도록 공간화 하였다. 스카이라인이 정돈된 도시에서 옥상공간의 카페공간 및 휴게공간화는 휴식과 조망에 있어서 기능적으로나 경관적으로 접근할 수 있는 양호한 옥상공간을 제공할 수 있다.

옥상공간의 활용(屋上空間의 活用)

How to use of Rooftop

옥상카페 및 휴게, Seoul

지역시설 가운데 대표적으로 의료시설과 교육시설은 옥상공간을
확보하고 있다. 카페나 휴게공간으로 제공하는 사례가 많다.

옥상대합, Amsterdam

공공시설의 옥상에 대합공간을 조성하므로 멀리 바다와 도시경관
을 조망할 수 있게 하였다. 배의 모양과 갑판을 형상화한 건축디
자인에 매력적인 옥상공간의 형태와 기능을 더한 사례이다.

옥상광장, 청량리역사, Seoul

공공시설의 옥상부가 평지붕으로 넓은 공간을 확보한 경우이다.
주로 승객들의 옥상광장으로 활용한다. 식재와 조형물 및 벤치를
설치하여 대기와 만남의 장으로 소규모 광장기능을 담당하고 있
다. 예술작품의 설치로 야외 문화공간적 흥미를 부가하고 있다.

문화공간, 예향교회, Gimpo

커뮤니티의 음악과 친교모임을 위해 옥상을 의도적으로 설계하
였다. 벽면장식이 마치 피아노 건반과 같은 패턴을 하고 있어
공간의 기능을 상징하고 있다.

옥상조명 및 채광, Vals Themal Bath

옥상녹화를 통해 자연과 유기적으로 연결하여 인공과 자연이
상통하게 만들고, 내부공간에 필요한 자연광과 인공광을 옥상
에서 얻어 실내로 투사시키도록 조절하고 있다.

커뮤니티의 연결(連結)
Bridge and Over-Street

도로를 건너는 방법은 건널목을 이용하는 방식이 가장 일반적이나 육교Over Bridge를 설치하는 방법이라든가 도로 밑에 지하도Under Pass를 두어 이동하는 방법도 적지 않다.

첫째, 건널목을 이용할 경우는 수평적 혹은 대각선적 이동이므로 가장 편리한 방법이나 위험도를 줄이기 위한 방법이 적절히 고안되어야 한다.

둘째, 육교를 이용할 경우는 장애자와 노약자에게는 부담이 될 수 있다. 그리고 도시경관과 안전유지에 절대적인 영향을 주므로 경우에 따라 차량통행의 높이에 제한을 가하기도 한다. 육교는 도로간, 구역간, 건물간의 커뮤니티를 안전하게 연결해준다는 점에서 그 기능이 충분하지만 진일보하여 오우버 스트리트Over Street의 개념을 도입하면 도시공간의 변화를 가져오게 된다. 즉, 솔리드Solid, 건축물에서 보이드Land, 녹지로 치환하는 것이다. 도로 위 공간을 중첩하여 활용하는 개념으로 건축물이 도로(육교)위로 올라가면 기존의 부지가 녹지공간으로 바뀐다. 도로상의 무한한 공간을 솔리드 공간으로 활용하면 상대적으로 부족한 도시의 여백을 가져올 수 있다. 도시공간 속에서 부분적으로 적용할만 하다.

셋째, 지하도를 이용할 경우는 수직적으로 이동해야 하기 때문에 역시 노약자와 장애우에게 부담이 될 수 있어 이에 대한 적절한 대응이 요구된다. 안전성과 토지이요의 효율, 그리고 경관조성에는 큰 무리가 없다.

위에서 살펴본 바와 같이 오버패스Overpass와 언더패스Underpass는 지면의 위와 아래로 통과교통을 만들어내는 효율적인 공간디자인이다. 건물과 건물의 연결, 산림과 산림의 연결, 도시의 밀집공간간의 연결, 경사지와 경사지의 연결, 위험지역의 통과 등의 용도로 상호 연결통로를 만들시 유익하며, 커뮤니티 간의 원활한 소통을 기할 수 있다. 연결통로를 만들 때는 구조물을 건조하게 되는데 일반적으로 계단이나 램프, 또는 엘리베이터 등을 이용하여 오르내리게 된다. 따라서 일반인은 물론 노약자, 특히 장애우의 행동특성을 고려하여 디자인해야 한다. 핸드레일은 물론 경사도, 미끄럼방지, 높이와 폭 등에 있어서 안전성과 편리성을 병행하여 설계해야 한다. 특히 경관을 고려하여 디자인하면 더욱 바람직하다. 한편, 산간지역의 경우 동물의 이동을 안전하게 도모하기 위해서 에코 브리지Eco-Bridge개념의 오버패스와 언더패스방법을 활용하기도 한다.

Over Bridge, Tokyo
인구밀도가 높은 대도시는 육교계단의 경사로설치 시 직선으로 설계한다는 것이 어려울 수 있다. 여기서 토지이용문제를 해결하기 위해 수직원형계단으로 설계하면 부족한 대지문제를 해결할 수 있다. 대도시의 협소공간에서 어떻게 대처해야 할지에 대한 지혜를 배울 수 있다.

Over Bridge, London

강을 사이에 두고 커뮤니티와 커뮤니티를 연결하는 오우 버 브리지이다. 지역주민들이 상호 오고갈 수 있기 때문에 다리는 연결기능의 매개체역할을 하므로 매우 중요하다. 수상위의 정경과 도시의 변화상을 감상할 수 있는 기회를 제공하는 데서도 그 의미를 찾게 된다.

Over Bridge, Gangneung

마을과 마을을 이어주는 목교(木橋)이다. 근대이전, 아직 콘크리트와 철교가 없었을 때부터 전통적으로 사용하여 온 외나무다리이다. 천이 범람하면 보수해서 사용하였다. 오직 사람만 다닐 수밖에 없는 외나무다리는 현재도 사용하고 있다. 환경적으로 컨텍스트(Context)를 헤치지 않고, 문화적으로 전통과 토속건조물로 공존하고 있어 주민은 물론 방문자에게 정감을 더해준다. 다소 불편한 점이 있더라도 환경을 쉽게 바꾸지 않는 마을의 의지는 지속가능한 마을 만들기의 한 방법을 예시해주고 있다.

건축물과 건축물의 연결

고등학교의 동간을 건축물이 연결하고 지면은 통과도로로 활용하는 사례이다. 건물과 건물의 연결(우), 특히, 계절적으로 추운지역에 위치한 도시는 건물간의 이동통로를 적극적으로 권장하고 있다. 예로, Toronto와 같이 겨울철이 긴 도시의 경우는 오버패스 및 언더패스를 적절히 활용하고 있는데 이것은 도시기능의 다각적 접근만이 아니라 독특한 미관형성에도 영향을 준다.

자연과 자연의 연결, James River근교

숲 사이로 자동차 도로를 건설하였다. 인간의 속도 문명이 가져온 결과로 흔히 볼 수 있는 도로 밑 언더패스이다. 여기서는 상부를 아치교로 연결시켜 주므로 자연과 자연을, 그리고 인간과 자연을 소통하도록 도모하고 있다.

외부공간과 지하공간으로의 연결, Underground, London

런던 지하철입구표시이다. 건축물의 지하로 아케이드를 설치하여 외부공간과 지하공간을 연결하고 있다. 지하아케이드로 진입을 표시하는 원형의 돌출간판을 달아주어 행인들이 인식하도록하고 있고, 노란색 기둥과 핸드레일 등을 설치하여 지하공간으로 유도하는데 지장을 줄이도록 노력하고 있음을 발견할 수 있다. 불특정 다수인이 이용하는 지하공간은 진입부의 식별과 접근성의 용이함 및 안전성을 확보해야 한다.

일방통행(One Way), Tokyo

주택가의 간선도로나 상점가로에 있어서 차량의 교차통행과 주정차 등이 용이하지 않은 경우가 발생한다. 밀도 때문이다. 따라서 부분적으로 일방통행구간을 설정하고 주정차를 규제하여 통과도로와 주정차공간을 구분해주는 것은 흐름과 안전성 향상에 도움을 줄 수 있다.

IIT Campus Center, Chicago

IIT Campus 전철역이 미스의 크라운 홀(Crown Hall) 바로 옆에 위치한 학생회관과 연결되어 있다. 기하학적인 건축물과 대중교통시설이 통합되어 이용의 편리성과 함께 독특한 Campus경관을 형성하고 있다.

장애우와 조형미를 고려한 육교, Chongju

도로상의 육교이용률이 떨어져 흉측한 구조물로 방치되고 있는 사례는 적지 않다. 그러나 장애자와 노약자를 위해 엘리베이터를 설치하고, 도시의 조형물로 미관을 고려한 새로운 개념의 육교가 디자인되고 있어 보행자나 운전자 모두에게 시각적 즐거움과 편리성을 더해주고 있다.

무장애공간과 보호구역(無障碍空間과 保護區域)
Space for the Disable and School Zone

아직도 도시공간속에서 장애우(시각, 청각, 지체장애를 가진 자)들이 자유롭게 통행하지 못하는 불편사례가 적지 않게 발견되고 있다. 무장애공간은 도로나 공공공간에서 가장 우선적으로 고려해야 할 디자인의 요소임에도 가끔 간과하는 경우가 있다. 남녀노소, 장애우 모두가 행동에 지장이 없도록 공간을 만들어가는 것은 필연적으로 고려해야 할 현대 공공디자인의 개념이다. 살기 좋은 도시의 척도는 무장애 공간과 관계가 있다.

노약자, 시각-지체장애우를 고려한 무장애공간, Jeju

출입구에 휠체어와 유모차가 보관되어 있고, 경사램프와 핸드레일이 계단상부로부터 현관에 이르기까지 설치되어 있다. 바닥에 건물입구를 알리는 점자블록을 깔았다. 노약자 및 장애자에 대한 설계자의 의도를 읽을 수 있다. 공공건축(추사기념관)의 무장애공간 디자인의 한 사례이다.

스쿨 존, Jeju

어린이 보호구역표시가 자동차의 속도를 줄이게 한다. 크고 작은 주의사인과 안내 표시들이 상호 배려하게 한다. 그러나 보행로가 차도와 분리되어 있다가 보행공간자체가 사라졌다. 흔히 간과하기 쉬운 보행자 도로설계 이다.

장애자 전용시설(김포공항) 표시, Gimpo

공항대합실 장애자 전용화장실을 설치하고 점자블록과 점자글자로 안내하고 있다. 접근하기에 커다란 무리가 따르지 않는다.

경사로

오른쪽 경사로는 단이 없기 때문에 누구나 도로 레벨로부터 건물의 내부로의 진입이 용이하다. 경미한 바닥레벨차이에도 장애가 될 수 있기 때문에 장애요소를 최소화하고자 완경사로 처리하였다.

갓길, Midlothian

간선도로에 자전거, 보행자, 휠체어 등의 통행을 고려하여 갓길을 조성하였다. 이동수단에 깃발을 달아 자동차의 운전자가 신속히 식별할 수 있도록 안전표시장치를 부착하는 것도 안전한 통행을 위한 지혜로운 방법이다.

장애자 전용주차(Reserved Parking Area), Midlothian

장애교우를 위한 예약된 교회 캠퍼스 주차공간이다. 장애자를 보다 존중하는 표현의 방법이다.

영 · 속의 공간(永 · 俗의 空間)

Space between Living and Eternal Life

일반적으로 사람들은 속俗의 세계와 영永의 세계가 존재함을 믿는다. 사후의 세계를 영원히 보장받기 위해 속의 세계에서 삶의 모습을 바르게 가져보거나 종교적 신앙심을 깊게 쌓기 위해 부단히 노력하는 몸부림은 영혼이 불멸하다고 믿기 때문일 수 있다. 종교학자들은 이 영혼불멸설을 해석하면서 기독교와 불교가 부분적으로 통한다고 말하고 있다.

그러나 동서양의 묘지에 대한 공간적 개념은 확연히 다르다. 우리나라의 경우 묘지를 주거공간이나 마을공간에 두지 않고, 선산에 매장하는 것이 대대로 내려오는 전통이다. 인도차이나반도의 경우 주택에서 멀리 떨어지지 않은 경작지에 안치시키고, 남아시아의 경우 화장하는 것이 관례이다. 이처럼 같은 동양이라 하더라도 매장이든, 화장이든 민족마다 고유한 장례문화에 따라 차이가 나타나며, 묘지의 형태와 공간구성방식도 다양하다.

반면에 서양의 경우 기독교 중심의 역사와 문화를 배경으로 매장문화가 발달하였다. 교회와 커뮤니티와의 관계에서 장례문화가 형성되었다. 예를 들면 미국의 지역교회Community Church는 대부분 처치 야드Church Yard, 교회 공동묘지를 갖고 있다. 교회의 실버그룹에게는 요람에서 무덤까지라는 개념으로 커뮤니티교회의 일치된 사역 가운데 매장문제 역시 관습화되어 출석교인에 한하여 교회공동묘지를 활용하게 한다.

교회를 둘러싸고 있는 커뮤니티 범위 내에 다른 공동묘지가 없는 것으로 보아 마을주민들은 교회에 출석하면서 죽음 후에는 교회에 묻힌다는 관습적 사고에 순응하고 있다고 본다. 따라서 죽음의 공간을 생활공간과 분리가 아니라 하나로 보고 있는 것이다.

커뮤니티와 공존하는 교회묘지, Mt. Hermon Church, Western Chesterfield County

마운트 헤르몬 침례교회는 1835년에 창립, 2003년에 리모델링하였다. 구교회대지에 공동묘지를 설치하고 있다. 2010년 현재, 224개의 묘소를 갖고 있는데[33] 이는 교회의 역사와 함께 증가해왔다고 해도 과언이 아닐 것이다. 아직 공동묘지 부지가 부족하지 않은 상태이나 이곳에 안장되기 위해서는 교회소속의 교인이어야 한다. 이처럼 교회는 커뮤니티의 중심시설이며, 주민 생활공간 속에 깊숙이 자리 잡고 있고, 속과 영을 이어주는 매장 기능까지 담당하고 있다. 영의 공간이 주거지와 함께 공존하고 있다.

---

33 · 담임목사와의 인터뷰 중

커뮤니티와 분리된 공동묘지

Forest Heaven, Bundang
작금의 우리나라 장례문화는 과거의 매장과 달리 화장이 증가하고 있는 추세이이다. 매장공간이 절대적으로 부족하기 때문이다. 대체적으로 도시에서 먼 거리의 선산 대신에 가족이 쉽게 찾아 볼 수 있는 도시근교의 공원묘지를 선호하는 경향이 강하다. 공원화된 공원묘지에 안장하기에는 경제적으로 여유가 있어야 가능하다. 유료분양을 받아야 하기 때문이다. 이와 같은 계단형 공원묘지는 산지의 지형을 고려하여 규격화된 것이 일반적이다.

전원공간과 지역성(田園空間과 地域性)

Garden Space and Locality

'학교들은 학생들을 로마가 아니라, 프랑스의 시골마을로 보내는 것이 훨씬 효과적인 교육을 이루어 낼 수 있을 것이다.'

Talk with Students중에서

-르 꼬르뷔지에-

미국의 3대 바람의 도시는 보스턴Boston, 시카고Chicago에 이어서 와이오밍Wyoming주로 알려져 있다. 바람이 많이 부는 지역에 있어서 겨울철은 지방도와 고속도로 전체가 눈과 바람에 의해 도로가 빙판길로 변하여 교통이 두절되는 등 사고에 노출되기 쉽다. 따라서 차량으로 제설하여 소통을 원활하게 하지만 지역이 광대할 경우 어려움이 따르는 것이 사실이다.

이러한 문제를 해결하기 위해 도로변에 언덕을 만들고, 방풍림을 심기도 하지만 인공적으로 스노펜스Snow Fence를 쳐서 눈이 도로로 넘어오는 것을 방지, 분산시켜 통행에 지장 없게 시설하는 경우가 많다.

일련의 스노우펜스와 같은 설치물은 목재패널이 많이 사용되나 목재가 부족할 경우 스틸로 대체하여 활용한다. 지역에 광범위하게 펼쳐지기 때문에 적설량과 광풍이 이는 지역은 경관적으로 고려해야 할 인공시설물이다.

이처럼 지역의 기후는 넓게 펼쳐진 전원지역이나 도시지역에 관계없이 자연으로부터 피해를 최소화하기 위한 기능적 시설물들을 설치한다. 그러므로 지역의 시설물들을 보면 해당지역의 기후를 이해할 수 있게 되는데, 기후에 따른 시설물들은 비교적 장대하기 때문에 지역경관을 고려하여 디자인하고, 배치하며, 설치하는 것이 바람직하다.

바람지역, Chicago School Architecture, Chicago

영국의 산업혁명은 19C말 미국의 상공업중심도시 시카고에도 영향을 주어 도시인구 증가와 도시규모확대를 가져왔다. 1871년 시카고 대화재로 당시 주류를 이루었던 목조건축이 소실되었고 30만명의 무주택자가 발생하였던 까닭 중의 하나는 바람의 영향이 컸다고 말하여지고 있다. 1873년 대공황 이후 도시재건사업으로 도시규모가 급성장하여 신기술을 활용한 고층건축을 시도하였는데, 독특한 시카고창(Chicago Window)을 가진 건축입면형태, 엘리베이터 개발 등 신기술로 마천루의 도시경관을 만들어냈다.

호수지역, Land Art, Spiral Jetty, Salt Lake

로버트 스미드슨(Robert Smithson, 미국의 랜드 아티스트)이 솔트 레이크(Salt Lake) 북편 호숫가에 만든 스파이럴 제티(Spiral Jetty)이다. 수면위에 대형스파이럴이 떠있는 모습이다. 망망한 호수에 하나의 점을 찍어 포인트를 만들어낸 랜드 경관예술이다. 앞산의 로젤 포인트(Rozel Point)에서 보면 선명한 나선형의 모습과 원심의 암시적 의미를 느끼며 감상할 수 있다. 그리고 직접 들어가 체험할 수 있다.

무엇보다 중요한 것은 이 랜드아트 구축시 지역의 재료(돌)를 사용하였다는 것이다. 아주 흔한 지역의 개개의 돌들도 랜드 아트(Land Art) 또는 시설물로 사용될 때 지역경관을 창출하는 요소가 됨을 알 수 있다. 가장 지역적인 특성을 나타내기 위해서는 지역의 재료를 사용하는 것이다.

적설지역, Snow Fence(Steel), Hokkaido

홋카이도는 겨울철 눈이 많이 내리는 지역으로 '눈 축제'로써 유명하다. 전원공간의 설경이 아름답기도 하지만 반대로 통행에 지장을 초래한다. 따라서 스트리트 퍼니춰를 보면 다른 곳에서 발견할 수 없는 눈높이표시 기둥과 스노펜스 등이 설치되어 있다. 스노우펜스는 철재가 많으나 목재 널을 사용하는 곳도 적지 않다. 지역경관과 경제성과의 관계를 고려하여 선택하는 것도 무시할 수 없다.

COMMUNITY DESIGN

3

건축경관만들기

A Building of Architectural Landscape

인간과 자연, 그리고 건축(人間과 自然, 그리고 建築)
People, Nature, and Architecture

Instead of wanting more, seek doing with less(더 소유하기 원하기 보다는 좀 더 적게 갖길 구하라)
-Thomas Fisher의 'Architectural Design and Ethics' 중에서

18C를 전후로 산업화와 도시화가 급속이 진행되면서 인간은 자연의 재발견과 그 활용에 가치를 두고 자연의 보존보다는 개발에 중점을 두고 있다. 현재, 인간의 자연훼손은 갈수록 심화되어 지역을 넘어 지구촌의 기후변화Climate Change를 야기하였고, 지구온난화로 인한 자연재해가 늘어나고 있어 예측불허의 시대를 맞게 하였다. 급기야 인간과 자연이 상호 회복하고, 유기적인 자연 생태계를 유지하기 위해 기후변화 협약Rio, 1992과 교토의정서Kyoto, 1997, ESSDL 등을 채택하기에 이르렀다. 생태계를 유지하고 인간과 자연의 상호 공생하는 관계로 접어들기 위해 많은 지혜들을 동원하고 있다. 지역에 있어서 도시와 농촌은 공히 친환경 도시와 건축Eco Friendly Urban Environment and Architecture과 친환경 농업Eco Friendly Agriculture 등을 전개하고 있는 것도 같은 맥락으로 본 환경회복운동이다. 인간과 자연과, 그리고 건축은 분리될 수 없는 존재Being들로 어떻게 유기적으로 결합하고 상호 존중해나가는 것은 윤리Ethics문제 되었다.

자연과 건축과의 관계

Colonial Revival House, 미국동부지역

컬러니얼리바이벌즘(Colonial Revivalism)주택이다. 집주변으로 대지내 교목들이 식재되어 있고, 전면좌우측에 관목류가 심겨져 있다. 교목류는 여름에 그늘을 만들어주고, 관목류는 겨울에 소규모의 방풍림을 형성한다. 특히, 관목들은 거주자가 걸어 놓은 꽃바구니와 함께 주택의 낭만적인 풍경을 만들어 주고 있다. 이 성목들은 주택의 역사와 그 세월을 같이 해왔고 집과 나무는 상호 보호하며 공존해가고 있다는 것을 말해준다.
한편, 서부사막 역시 건조한 지역의 집과 나무관계는 그늘과 녹환경을 만들어주는 상보적 관계를 맺고 있다. 이처럼 지역이 갖고 있는 기후와 풍토에 자연스럽게 적응하며, 필요에 따라 식재만 해도 양호하다.

자연과 인간과의 관계

도시와 관계수로, Arad시, Israel

이스라엘 아라드(Arad)시는 사막기후에 위치하고 있는 계획도시이다. 관계수로로 끌어들인 물이 조경수에 수분을 공급하고 있으며, 도시민의 식수는 물론 제 수문화공간을 만들어내고 있다. 이처럼 사막 한 가운데서도 인간은 자연을 배경으로 자연을 극복하고 살아가야 하지만 자연에 의존하여 살아가야 한다. 텔 아라드(Tel Arad)에서 배울 수 있는 것은 자연의 지배가 아니라 자연에로의 공존과 순응이다.

후쿠키(フク木) 방풍보호림, Okinawa

바람이 거센 오키나와 지역에 커뮤니티를 보호하기 위해 후쿠키라는 방품림 겸 보호림을 조림하였다. 이것은 해풍이 심한 아열대성 기후를 극복하기 위한 지혜의 발상이었지만 현재는 바람을 다스리는 전통적 가치를 담은 마을길로 도시민과 함께 그 지혜의 마을경관을 공유하게 되었다. 인간과 자연과 건축의 조화로운 관계의 단편을 볼 수 있다.

공존의 질서(共存의 秩序)
Orderliness of Coexistence

우리나라 사람을 비롯한 동양인들은 대개 집단주의Collectivism적 성향이 강하고, 반대로 서양인들은 개인주의Individualism적 의식이 강하다. 예를 들면 박물관에 들어가기 위해 줄을 서는 행태만 보아도 쉽게 의식의 차이(물론, 줄서기는 우리에게 규범화되어 큰 차이를 느낄지 모르지만)를 알 수 있고, 특히, 음식을 나누는 행태와 건축의 공간구성에서도 적지 않은 차이(고유한 특성)를 발견하게 된다. 그러나 이러한 문화적 차이에도 불구하고 인간으로서의 존엄성과 환경에 대한 공통의 가치, 그리고 교통과 통신의 발달로 더욱 좁혀진 지구촌이라는 공동체권역 속에서 인류는 이웃의 개념을 가지게 되었다. 한 국가의 환경적 재난은 국소적이 아니라 전 세계의 재난으로 다가온다는 것이다.

1) 줄서기의 행태

National Air and Space Museum, Washington

방문자들이 많아 줄이 길어, 대기시간이 늘어나도 한 줄의 선이 흐트러지지 않는다. 줄서기는 시민윤리의 하나로 질서의식에 자리 잡고 있기 때문이다.

어느 나라든 홀로 설 수는 없다. 지구촌에 살고 있기 때문이다. 인간이라는 존재가 혼자서는 살아갈 수 없는 것과 마찬가지이기 때문이다. 인간은 군집성이 강한 동물이라고도 말할 수 있기에 인간과 인간간의 커뮤니케이션관계, 인간과 자연과의 관계, 도시와 농촌과의 지역적 관계, 자연과 건축과의 관계 등이 상생의 네트워크를 균형 있게 형성할 때 공존의 질서를 만들어낸다. 즉, 아름다운 경관은 반 아름다움에게 영향을 줄 수 있다. 공존의 질서를 가지고 커뮤니티의 경관을 만들기에는 다양한 관계의 법칙과 수법이 필요하다.

2) 인간과 자연의 공존공간

웰컴시티, Seoul

인간과 자연의 공존공간을 갖게 하였다. 건축공간의 일부를 자연에게 돌려주기 위해 공간을 비웠다. 빈 공간에 감나무를 식재하여 재실자 및 주민, 방문객들에게 휴게공간을 제공하고, 새들에게도 필요공간이 되어주고 있다. 다소의 공존의식만 있어도 그 무엇을 회복시킬 수 있다.

강남교보타워, Mario Botta, Seoul

마리오 보타가(Mario Botta, 1943~) 리골레트 주택을 설계 할 때 회화적 입면표현에 로지아, 스트라이프(밭의 이랑과 같은 자연)를 삽입하고 표현하였다. 이처럼 교보타워건축디자인에 있어서도 자연에 비워주고, 줄무늬 입면기둥을 세우며, 실내의 아트리움공간의 표현수법을 사용한 것은 인간이 자연과 건축이 공존하는 방법을 이야기 하고 있다고 본다.

3) 건축과 자연의 공존공간

자연 속에 건축을 삽입한 경우, Philippine

건축이 자연 속에 포함되어 있는 소박한 개념이다. 매스볼륨이나 건축물의 높이가 자연을 압도할 때 경관이 캐지는 사례를 많이 보게 된다. 이 계단형태의 입면을 취한 호텔은 자연의 경사지에 순응하므로 객실마다 양호한 조망권과 자연경관을 얻어낼 수 있게 된다.

하코네(箱根)의 자연(自然)과 인간(人間)과의 관계, Japan

이것은 일본 하코네 산의 아름다운 자연을 자원으로 삼아 도시민과 외국인 방문자에게 자연생태와 문화체험 프로그램을 제공하고 있다. 예를 들어 '온천으로 치유–화산의 혜택'과 같은 프로그램은 자연을 이해하고, 건강도 증진시키는 자연과 인간의 유기적 관계를 말해주고 있다. 한편, 하코네는 해자(垓字)가 있는 옛 성과 가로를 배경으로 인간이 만들어낸 근대문화유산을 보존(Preservation), 복원(Restoration)하여 체험케 하므로 전통문화에 대한 교육적 기회를 제공하고 있다. 자연과 인간의 역사 문화의 보존과 활용에 대한 가치의 재발견을 이해할 수 있다.

건축의 측면개방과 자연

현대건축의 구조형태미에 의한 자연채광은 실내에서도 자연의 생동감과 운행을 느낄 수 있도록 해준다. 측창으로부터 들어오는 광량(光量)은 수평적으로 필요한 부분만큼 들어오게 된다. 시간의 흐름에 따라 빛과 그림자의 변화가 나타난다. 개방창을 통하여 자연과의 관계를 밀접하게 한다.

건축의 천장개방과 자연

건축물의 중앙 상부를 아트리움으로 처리하여 위로부터의 자연광을 끌어들이고 있다. 자연광은 실내조경과 함께 인위적 공간을 자연친화적 공간으로 바꿔주고 있다.

건축의 녹화(建築의 綠化)

Building with Green

근대도시 이후의 건축은 건축이 갖는 형태적 의미, 즉 지붕이라는 얼굴과 벽체와 매스라는 몸, 그리고 기초 및 기단부를 발로 비유하는 바와 같이, 전통적 규칙에 따라 설계되지 않고, 유리, 철, 콘크리트의 대량생산과 구조기술의 발달 및 기능적 공간에 의존하여 얼굴 없는, 단지 바디Body만 존재하는 건조한 매스로써의 건축을 탄생시켰다. 도시의 환경 역시 현대에는 물리적 환경의 질 저하와 메마른 도시환경을 만들었는데 이에 대한 반성으로 커뮤니티에 통경 축을 확보한다든가, 수문화공간이나 녹지공간을 끌어들인다든가, 심지어 건축의 형태변형과 벽면녹화 등의 노력을 통해서 지속가능한 친환경건축 및 생태적 도시환경을 만들어내기에 다각적으로 접근하고 있다.

더 나아가 현대건축은 인간과 자연과 커뮤니티의 통합된 다원적 사고존중의 중요성, 그리고 도시디자인의 시민참여의 중요성을 깨닫게 되었는데, 이는 종래의 커뮤니티디자인의 패러다임을 바꾸어 놓았다. 개발위주의 획일적 관주도방식에서 참여와 관계를 중시하는 Bottom-Up방식을 끌어내는 긍정의 힘을 필요로 하였기에 인간과 자연의 유기적 관계성, 즉 도시환경의 회복운동을 가져오게 된 것이다.

1) 나무가 주는 유익함

- 환경적 유익: 산소생산과 배출, 이산화탄소(CO_2) 흡수, 소음의 흡음, 먼지여과, 빗물흡수, 증발산(Evapotranspiration)으로 미기후 증진, 도시의 열섬(Heat Island)효과 저감, 새와 벌레 등의 서식지 제공 등.
- 정서적 유익: 어메니티(Amenity)의 생성, 눈의 피로도 저감, 휴식 및 휴게공간의 조성, 일상생활의 안정감부여, 자연성과 인간성의 회복 등.

2) 건축의 녹화 유형과 자연경관

옥상녹화형 자연경관, Vals Thermal Bath

옥상녹화를 통해 건축물을 자연 속에 삽입한다는 느낌의 유기적 건축을 시도하고 있다.

델프트공대 도서관 옥상녹화

옥상녹화와 전면부의 개방감을 고려, 친환경적 건축공간을 만들어주고 있다.

벽면녹화형 자연경관, 미당문학관, Gochang

넝쿨식물로 문학관의 정면부 유틸리티 공간의 외벽을 수직녹화하고 있어 주변의 자연환경과 연계, 환경적으로 비오톱(Biotop)을 창출하면서도 정서적으로 유기적인 자연관계성과 풍부한 어메니티의 형성에 적지 않은 역할을 감당하고 있다.

베란다형녹화와 거리경관, KNSM Island Housing,

아파트의 베란다에 화분을 설치하여 자연을 유입시킨 사례로 화분은 재실자에게 환경적, 정서적 유익을 제공할 뿐만 아니라 지나치는 보행자들에게 거리의 경관을 풍요롭게 만들어 준다. 베란다는 외부에 노출되어 있기 때문에 이와 같은 경관적 요소를 공유할 수 있으면 좋다.

아파트 베란다의 화분, Tokyo

동경의 한 아파트 베란다이다. 일부 가정이 베란다에 화분을 마치 소정원을 가꾸듯 꽃과 식물을 키우고 있다. 각 세대의 베란다를 보면 자연에 대한 다양한 개인의 감정을 이해하게 된다.

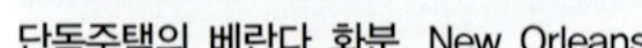

단독주택의 베란다 화분, New Orleans

미국 남부지역 뉴 올리언스 주택가의 한 2층 주택이다. 남부지역의 주거형식 중의 하나로 2층에 베란다를 설치하여 1층에 비기림과 그늘을 제공해주고, 2층에는 휴게와 조망공간을 만들어주는 양식이다. 여기서 보는 바와 같이 베란다의 철제난간부위에 펜던트 화분을 설치하여 거주자는 물론 보행자와 운전자에게도 아름다운 자연의 미를 제공해주고 있다. 이처럼 단독주택이든 공동주택이든 외부공간 디자인은 커뮤니티환경에 직접적으로 영향을 주고 있는 것이 사실이다. 따라서 이를 주민들이 의식하여 작지만 '마을의 경관 만들기 규정'으로 협약하거나 일종의 '마을 만들기 운동'으로 전개해나가면, 커뮤니티 전반이 아름다운 주거환경을 얻을 뿐만 아니라 지역전체가 특징 있는, 독특한 거리경관을 얻어낼 수 있다.

녹지공유형 자연경관, 아파트단지내 정원, Pyeontaek

아파트단지내 정원은 주민모두가 공유하는 녹지공간이다. 정원은 단지내 통경축을 만들어주고 수공간과 녹지공간을 확보해주므로 주거환경을 개선하게 된다. 커뮤니티에 자연을 끌어들였으나 주변의 녹지와 그린 네트워크화가 어려운 구조이면 비오톱을 창출하지 못하여 도시 전체가 양호한 환경을 얻기에는 요원하다.

하천개방형 자연경관, 청계천, Seoul

흔히 어머니의 탯줄로 비유되었던 청계천이 개방되었다. 도시 하천공간의 재정비로 지류의 회복을 시도한 사례이다. 도시민들에게 수변공간과 녹환경을 제공해주므로 역사적, 문화적, 생태적 커뮤니티의 재정비와 활성화로 도심 수문화 공간을 재창조한 것이다. 서울에서 외국인이 가장 많이 찾는 장소 중의 하나가 되었다.

지그재그 녹지 도로형 자연과 주거지 경관, 친환경주거지 지그재그(zigzag)형 녹지도로, San Francisco

일반적으로 자동차 중심의 도로는 도로중앙에 차도를 설계하지만, 그림에서 보는 바와 같이 인간과 자연중심 도로는 자동차는 물론 인간과 자연 모두를 고려하고 있음을 알 수 있다. 이 경우 도로를 지그재그형으로 설계하고 경사면의 나머지 공간을 자연에 돌려주었다. 자동차의 안전한 통행을 위해 일방통행을 실시하고 있어 그 흐름을 유지하면서도 아름다운 마을의 자연경관을 만들어내고 있다.

녹색커튼형 건축과 도시경관, 녹색커튼형 건축, 아크로스빌딩, Fukuoka

식재로써 계단형 지붕을 덮고 있다. 녹공간에 의한 실내의 온도조절이 가능할 뿐만 아니라 도시경관상 건축물이 자연을 담을 때 재실자나 시민들에게 주는 정서적 공간으로써의 가치는 측정하기 어렵다.

자연에 순응하는 건축과 역행하는 건축(自然에 順應하는 建築과 逆行하는 建築)
Architecture in or out of Natural Flow

창조론에 따르면 태초에 인간이 창조되기 전, 자연이 먼저 창조되었다. 그리고 인간은 자연을 잘 다스리라는 명령을 받는다. 자연을 잘 다스렸던 인간은 건축과 도시도 자연에 순응하며 조화롭게 커뮤니티를 만들어왔으나, 인류최초로 자연을 거스르는 건축을 만들어내는데 그것이 바로 거대한 시날_{Shinar} 평야의 바벨탑_{Tower of Babel, 혼잡한 곳(Hebrew)}[34]이다. 결국 언어가 흩어지고, 인간과 하나님과의 관계의 단절을 가져오는 결과를 낳았다.

18세기 말엽부터 인류는 산업화하면서 자연을 부의 축적과 기술적 활용의 대상으로 개발하기 시작하였다. 소위 문명의 이기아래 과학과 이성이 세계를 지배하면서 더 이상 자연과 인간과의 관계가 순탄하지 않게 되었는데, 결국, 인간이 자연을 잘 다스리지 못한 까닭에 마치 아담과 하와_{Adam & Hawwāh, Eve-아담의 아내}가 에덴동산에서 실낙원 했듯이 낙원과 같은 지구상에서 쫓겨나게 될 운명에 처해있는 듯하다.

21세기에 살아가는 우리는 지금, 자연에 순응하는 건축이 그 어느 때보다도 필요한 시기이다. 경관적으로 보아도 자연에 역행하는 건축과 커뮤니티가 우리 주변에 얼마나 많은가! 아름다운 경관이란 자연과의 조화로부터, 자연에 순응함으로부터, 인간과 자연이 상호 상생으로부터 온다는 사실을 인식해야 한다.

1) 자연에 순응하는 건축

단독주택 주거지와 자연과의 조화

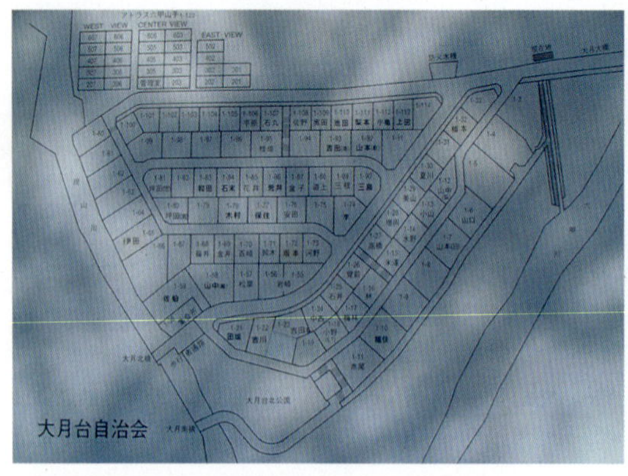

오오쯔끼다이(大月台) 마을의 배치도, Kobe, Japan
단독주택의 필지를 보면 앞, 뒤대지가 조금씩 어긋나게 구획되어 있다. 이것은 뒷대지의 주택조망을 고려하고 있음을 뜻한다. 간단한 배치계획이지만 배려하는 마음이 들어있다. 경관은 배려로부터 출발한다.

오오쯔끼다이(大月台) 마을의 원경관, Kobe, Japan
주택이 산지의 경사면을 그대로 받아 배치되어 있어 산 능선을 침범하지 않고 있다. 앞집과 뒷집이 경사지주택에서 얻을 수 있는 조망권을 동시에 공유하고 있다. 자연과 인간관계, 인간과 이웃관계의 배려된 모습이다. 아름다운 경관을 얻어낼 수 있다.

---

34 Merriam-Webster's Dictionary and Thesaurus, 2006

집합주택 주거지와 자연과의 조화

경사지 단형 집합주택, Kobe

타다오 안도(Tadao Ando)의 로코집합주택과 같이 경사지 집적에 의한 집합주택이다. 경사지지형에 주택이 순응하고 있다. 각 주호는 조망권과 테라스를 가질 수 있다. 비록 건축의 용적률이 떨어진다 하여도 인간과 자연과의 공생적 관계를 중요시하여 높이를 줄이고 자연의 선을 벗어나지 않았다. 여기서 얻어지는 보이지 않는 이점(利點)이란 측정하기 어려울 것이다.

산촌의 한옥과 자연과의 조화

장수 성암마을의 한옥단지, Jangsu

사람이 건강하게 사는 조건은 맑은 공기와 물, 그리고 깨끗한 음식이라고 이야기 되어진다. 약 600고지 산중에 위치한 장수 성암마을은 기초생활권 우수 지역답게 자연과 함께 하는 농촌다움의 마을 중 하나이다. 이 마을은 기존마을 정면상부 경사지면에 한옥을 조성하여 체류형 도농교류를 실시하고 있다. 마을은 자연자산들을 개발하고, 활용하고 있다. 자생하는 약초와 청정우, 자연 테라피(Therapy) 프로그램을 개발하여 도시민의 마을체류를 유도하고 있다. 지리산권 문화의 맥을 잇고 농외소득을 창출하는 의미도 담고 있다. 구들이 깔린 한옥으로 마을정취를 더하고 있는데, 한류의 세계화의 흐름에 편승하여 신한옥(新韓屋)으로 개량, 대응하고 있다. 자연으로부터 얻은 것은 자연으로 돌려준다는 순환의 법칙을 따르고 있다.

고층아파트군과 자연과의 부조화

강변북로변의 고층아파트군, Seoul

고층아파트의 각 주호는 양호한 한강의 조망권을 갖고 있으나 반대로 보행자 및 운전자에게는 높은 장벽과 같은 느낌을 준다. 한편, 단지에 식재된 교목류가 아무리 높다 할지라도 아파트의 높이, 매스로서의 거대건축 모습과 비교해 보면 상대적으로 작다. 상호 관계의 회복이 필요하다는 것을 발견하게 된다. 지혜롭게 형태를 분절하여 통경축이라든가, 옥상가든, 비움과 커뮤니티의 재발견 등 자연과 인간관계, 인간과 건축과의 관계라는 전체 틀 속에서 관계의 회복이 요구된다. 개인이 존중되면서도 전체가 존중되며, 상생의 도를 지켜나가는 것이 아름다운 경관을 얻어내는 정도(正道)이다.

평야지역의 나홀로 아파트와 자연과의 부조화

평야지역의 아파트, Chonan

평야농촌지역에서의 중고층 임대아파트는 우리가 흔히 볼 수 있는 풍경이다. 분양이 저조할 경우 방치되는 아파트로 홀로남게 된다. 이것은 전원지역의 경관적 문제로 대두되고 있다. 이는 평야지역의 펼쳐진 지평선을 깨고, 기능주의 건축매스가 보조화의 아이스톱(Eye Stop)을 만들어 낸다. 수평선을 유지하는 것은 아이스톱의 경제보다 더 유익하다. 전원지역에서는 수평적 자연에 순응할 필요가 있다.

사회기반시설(구조물)과 마을, 그리고 자연과의 부조화

거대교량구조물, Gangneung

강원도 또는 산간지역에서의 흔히 볼 수 있는 거대교량구조물이다. 구조물 아래 마을은 배산임수형의 지형에 입지하여 아름다운 마을경관을 보이고 있다. 그러나 도로를 개설하면서 거대교량구조물로 인해 자연마을과 하천, 그리고 야산 등의 스케일문제를 야기하고 있다. 인공물이 마을과 자연을 압도한다. 사회적 개발의 필요와 기존의 지형적 맥락 간의 상충된 관계를 볼 수 있다. 2가지의 필요조건을 충족시킬만한 지혜가 요구되는 사례이다.

전파송수신탑, Jangsu

셀폰(Cell Phone)의 소통을 위해 세워진 송신탑은 단지 마을의 경관만 헤치는 것이 아니라 야생벌들의 회귀를 방해하는 주범으로 떠오르고 있다. 전자파의 문제가 발생하고 있다는 것이다. 이는 생태계의 파괴까지 예측하는 학자들의 주장도 나오고 있다. 이 마을의 경험으로 보아 자연과의 공생과 지속성의 원리를 전제로 인간의 편리성을 누리는 방법을 찾는 지혜가 요구된다.

건축재료(建築材料)
Architectural Materials

건축물의 재료는 커뮤니티의 역사와 문화를 나타내 주기도 하며, 전통성, 그리고 커뮤니티의 성격을 말해준다. 근대건축Modernism Architecture 이전에는 유리, 철, 콘크리트의 사용보다는 지역에서 채취한 친환경소재Environmental-Friendly Materials를 사용하였다. 목재, 석재와 같은 지역이 갖고 있는 전통적 재료로 건축물의 주요구조부를 구축하거나 구조재로 사용하므로 수백 년이 지난 지금에도 변함없이 도시공간속에 공존하는 것을 보면 천년의 고도라는 명성을 가져다주는 것이 바로 건축 재료임을 의심하지 않는다.

1920년대에서 1930년대에 출현한 국제주의양식The International Style, book by Henry-Russell Hitchcock와 Philip Johnson은 전통 양식Traditional Style보다 더 커다란 힘을 가지고 전 세계로 확산되었다. 유리와 철과 콘크리트가 일반적 도시건축 재료로 사용되게 되었다. 이처럼 건축물의 재료를 통해서도 도시의 역사와 문화(양식)를 읽을 수 있는데 다음과 같이 구분할 수 있을 것이다.

- 전통적 재료: 흙, 벽돌, 석재, 목재, 짚 등
- 산업적 재료: 유리, 철, 콘크리트, 합성수지, 패널, 타일 등

인사동 뒷골목의 한식당가, Seoul

전통기와와 토담으로 옛 마을의 고전미를 표현하였다. 방
문자에게 고도 서울의 옛 정취를 느끼도록 경관을 재창출
하였다. 건축재료는 마을의 전통문화를 재현하는데 중요한
키워드가 된다.

Pompidou Center와 주변가로경관, Paris

유리와 철, 신소재로 건축한 미술관 블록과 벽돌, 석재의 근대도시 블
록 간에 대조를 이룬다. 옛것과 새것(Old & New)사이에서 도시가
갖는 시간성을 찾아볼 수 있다. 그러나 신구의 조화는 Sky Line을 지
키는 데서 아름다운 가로경관을 형성하게 한다.

타케토미(Taketomi)주택의 지붕과 마을전경, Okinawa

지역의 고유한 색깔이 붉은색이다. 지붕 위에 붉은 기와를 올려
커뮤니티의 특색을 갖게 하였다. 본래, 초가지붕이었으나 화재가
빈번해지자 주거의 영구적 보존을 위해 지역 색(붉은 색)을 발굴
하여 커뮤니티의 경관으로 재정비하였다.

Saint Benedict Chapel

건축의 모든 재료가 지역으로부터 얻어진 것이다. 즉 건축이 자연 속에 일부로 자리
잡고 있다. 건축물의 내외부공간에 사용되어진 목재패널과 지붕널판, 그리고 각재는
다시 자연으로 되돌아가기 때문에 아름다운 순환구조의 마을경관을 만들어내고 있다.

건축적 맥락(建築的 脈絡)
Architectural Context

일반적으로 텍스트Text는 교과서와 같이 자료나 본문 등을 의미한다. 컨텍스트Context는 이러한 자료나 본문이 내용을 가지고 이성적 혹은 감성적 감흥으로 들어올 때의 현상을 의미하는 것으로 건축에 있어서는 맥락Context이라고 부른다.

도시경관의 보존이 요구되는 경우 해당 지구 내에서 신축, 증개축 등의 건축행위가 일어날 때 무엇보다도 건축적 맥락Architectural Context을 고려하는 것이 바람직하다. 건축물의 높이라든가 건축물의 형태, 창의 형태, 재료의 사용, 색채 등이 이질적이지 않아야 한다. 기존의 건축물이 갖고 있는 맥락성에 순응하여 전체적인 도시경관을 조화롭게 유지해나가는 것이 바람직하다.

1) 오타루의 역사와 자연을 살린 마을만들기경관조례의 개요(건축행정정보 제24호)

- 등록 역사적 건조물 95개동의 등록 중 지정 역사적 건조물 65동 지정
- 특별경관형성지구(特別景観形成地區, 8개지구, 약 79.3ha) 및 경관형성지구(미지정)의 지정
- 중요조망지점(6지점) 지정
- 대규모 건축물 등의 사전신고
- 보존수목 7개소, 24개, 보전수립(6개소, 약 18.9ha)
- 사업소 등의 건설이나 개발행위시에 녹화계획서 제출
- 마을만들기 경관협의회(4개단체 약 22ha), 마을가꾸기 경관제안(1단체)
- 표창제도: 오타루시 도시경관상
- 지원제도: 경관심의회(역사적 건조물 자문부회, 도시디자인 전문부회, 녹화추진회)

2) 마을만들기 경관조례 제정을 위한 시민합의과정과 내용

- 시내 전세대를 대상으로 도시경관과 조례책정에 대한 앙케이트조사
- 시민그룹, 상공회의소, 관광협회, 건설관련과의 협의, 학식자 검토와 심의회 등의 심의
- 합의내용: 역사적 경관뿐만 아니라 시내의 특성 있는 자연경관이나 조망경관지킴과 동시에 신축되는 건물의 유도 등에 의한 양호한 도시경관형성을 추진해 간다.

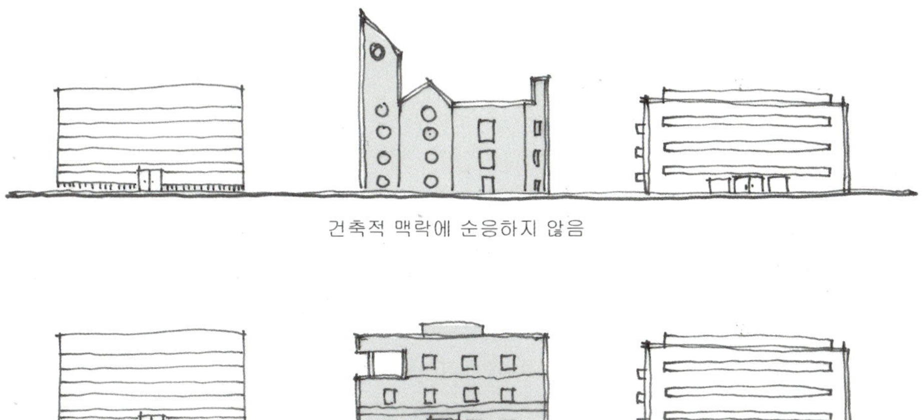

Otaru, Japan

1991년 홋가이도의 오타루시에서는 '오타루의 역사와 자연을 살린 마을 만들기 경관조례'를 제정하였다. 오타루다운 매력있는 경관형성을 도모하기 위해서 특히 중요한 지구를 특별경관형성지구(歷史的 景觀地區)로 지정하므로 건축행위 시에 조화를 이루도록 하고 있다.

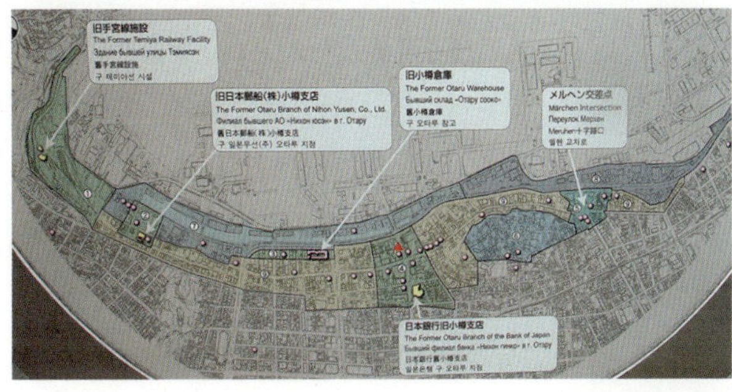

특별경관형성지구(歷史的 景觀地區)의 범위, Otaru, Japan

역사적 건축물에 조화를 이루기 위해 지구를 ①~⑨로 구분하여 특별경관형성을 도모해가고 있다. 시민합의에 의한 경관형성방법 중의 하나이다.

건물의 마감
Finishing of Building

주거지경관의 결정요소 중 건축물이 차지하는 비중이 가장 크다고 해도 과언은 아닐 것이다. 왜냐하면 주택을 통해서 커뮤니티의 역사와 문화를 읽을 수 있을 뿐만 아니라 생활양식과 경관구조를 이해하기 때문이다. 주택이 가지고 있는 양식적 패턴 못지않게 면밀하게 다루어져야 할 분야가 각 부위별 마감재의 종류와 마감방식이다.

예를 들어 벽체의 사이딩Crab Board재마감 시 모서리를 처리하지 않는다거나 창호의 형태와 위치 및 문틀 등이 비례에서 벗어나 조화를 이루지 못한다면 주택의 전체적인 형태가 아름답지 못하고, 커뮤니티의 경관형성에서도 바람직하지 못하다.

1) 주거지내 건축물의 외부마감 시 고려사항(가이드라인)

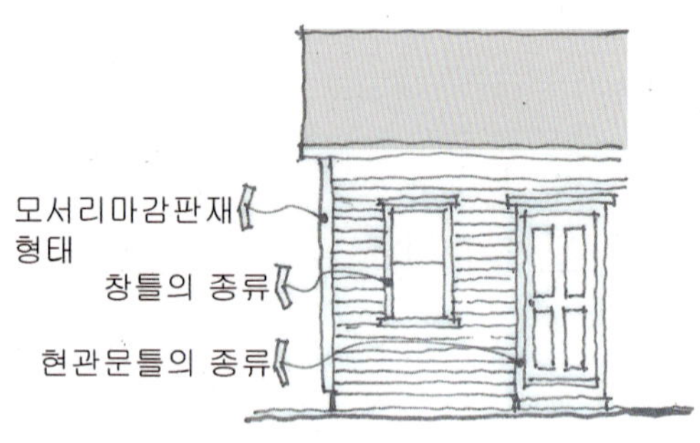

- 지붕재의 종류는 고채도를 지양하고 이웃과의 색채 조화를 이루어야 한다.
- 벽체의 재료는 벽돌, 사이딩 등 다양한 종류가 사용되고 있으나 질감이 이질적이지 않아야 한다. 특히, 사이딩마감의 경우 모서리 마감판재로 마감한다.
- 문틀과 창틀은 주거지 건축물의 경관요소 중의 하나이므로 다종 다양하게 선택하기 보다는 일정한 패턴을 갖도록 하고, 주택의 실 기능과 입면형태를 고려하여 선택하는 것이 바람직하다.

조화로운 사이딩 벽면과 모서리의 마감방식과 판재

조화로운 지붕재 마감(아스팔트 슁글)과 벽체사이딩-진회색지붕재와 회색 혹은 흰색계 사이딩은 전혀 어색하지 않다.

개선이 요구되는 지붕재와 벽체사이딩마감-주택의 시간적 흐름상 다양한 색채사용과 모서리마감의 차이를 발견하게 된다.

근대건축의 보존(近代建築의 保存)
Preservation of Modern Architecture

우리나라의 서양건축은 1880대부터 개화되면서 인천 등의 항구도시를 중심으로 시작되었다. 주로 서양선교사들의 주택으로부터 교육시설, 의료시설, 은행, 교회 등이 건립되었다. 일제 강점기를 지나 한국전쟁 때까지는 서울과 항구도시 등의 주요도시에 집중적으로 들어섰는데, 이들 서구식 건축물들의 양식은 고딕, 르네상스, 로마네스크 등의 서양리바이벌건축양식Western Revivalism Architecture이 주류를 이루었다.

1960년대 후반부터 우리나라는 국토전반에 걸쳐서 본격적인 경제개발과 근대화운동으로 도시와 농촌의 새마을운동 하에 있었다고 해도 과언은 아니다. 근대화Modernization가 진행되면서 도시와 농촌건축에 대한 일련의 혁신이 일어났는데, 소위 기능주의 양식모델로써 서구의 이데올로기적 근대건축을 모방하였던 것이다. 기존의 노후화된 재래전통 목조주택과 버네큘라건축Vernacular Architecture은 물론 심지어 서양근대건축물도 새 시대에 맞는 현대건축으로 대치되는 경향이 강하였다. 우리 고유의 전통주택이나 잔존하던 서양근대건축물의 보존이 어려웠던 건축적 흐름을 무시할 수 없었다.

1980년대부터 이에 대한 반성이 일어나면서 1990년대를 전후하여 건축의 문화적 가치와 개인의 가치관의 존중, 그리고 사회전반에 흐르는 한류적 전통의 재발견 등으로 인해 적어도 건축에 있어서 현재는 과거의 사실과 공존하여야만 미래를 예견한다는 지극히 당연한 건축사관이 보편화되었다.

따라서 일제치하에 건립되었던 근대건축물도 역사적 사실로 인정하고 문화재로 지정하자는 학계의 움직임에 힘입어 2000년을 전후하여 그 보존의 사례가 점점 늘어났고, 현재는 근대건축물에 대한 보존의식이 보다 확산되어 역사문화탐방코스로까지 관광과 연계하는 사례도 적지 않게 발견할 수 있다. 서구의 근대건축은 르 꼬르뷔지에Le Corbusier, 발터 그로피우스Walter Adolph Georg Gropius, 미스 반 데 로에Mies van der rohe 등 거장건축가들의 영향에 있었던 것과는 달리 우리나라의 근대건축은 일제 강점기속에서의 서양리바이벌리즘건축이 성행하였던 우리의 근대건축사는 아시아의 여러 나라가 경험했던 역사적 사실과 큰 차이가 없다 할 것이다.

등록문화재로 지정

등록문화재관리, Ganggyeong

'이 문화재는 우리가 소중히 가꾸고 보존해야 할 문화유산입니다'라고 등록문화재 동패에 기록되어 있다. 도시공간속에서 문화재보존의 중요성을 재인식하게 한다. 초기 한국 목조교회의 단면을 이해할 수 있는 북옥감리교회는 현재, 인근부지에 현대식교회로 신축 이전하였고, 목조교회는 원래의 터에 위치, 문화재청이 관리하고 보존하고 있다.

북옥감리교회, Ganggyeong

로마네스크(Romanesque)양식의 근대건축, Ganggyeong

강경성당신축낙성식과 로마네스트양식의 Rhenisch Roof, 간략화된 종탑부, Ganggyeong 1960년, 프랑스 베르몽(Bermond)신부가 설계, 시공한 성당으로 원형 그대로를 보존, 활용하고 있으며, 현재 지역의 랜드마크로도 위치하고 있다.

근대건축의 복원과 재활용(近代建築의 復元과 再活用)

Restoration and Reusing of Modern Architecture

근대건축물의 복원과 활용에 관한 방법의 하나로 『토카치 원공간 박물관(とかち田園空間 博物館)』을 사례로 살펴보면 다음과 같다.

1) 콩 자료관 복원의 배경

1897년경 북해도는 미개척지였으나 1911년부터 개척, 1925년경에는 3.3km×3.3km규모의 모듈로 바둑판처럼 구획, 방풍림을 형성하고 산지를 경작지화 하였다. 낙농업과 야채, 수도작물로 대평원을 이루면서 유럽과 같은 경관을 모델로 삼아 농작물에 의한 농업경관을 전원형풍경으로 만든 대표적 전원공간이다. 토카치 대평원지구의 전원공간사업의 일환으로 기존 저택을 이축, 재정비하여 콩 박물관으로 개조할 필요가 있었다.

2) 사업개요

본 사업은 농림수산성(農林水産省)의 지원으로 나카사츠나이 마을, 오비히로시, 네무로마을을 대상으로 1999년부터 2005년까지 6년~7년에 걸쳐 정비한 것이다. 이 콩 자료관은 코어시설 중의 하나로 조성되었다.

3) 건축적 복원과정과 공간적 특징

콩 자료관은 농가주택으로 사용되었던 빈즈(Mr. Bean's) 저택으로써 유럽풍의 주택형태이다. 현재의 콩 자료관은 이축전과 동일하게 원형 그대로를 유지하고 있다. 정면에서 볼 때 좌우대칭의 절충주의주택양식을 취하고 있다. 본동은 전시체험실로, 자료실은 후면에 별동으로 배치하였다.

Mr. Bean's 콩 자료관 만들기 프로세스, Tocachi, Hokkaido[35]

1단계, 주요부재 이전조립

2단계, 재축보강 인테리어

3단계, 콩 자료관 개관 및 운영관리

---

35 자료: 토카치 콩 자료관

4) 등록문화 지정 시 주민합의의 필요

구 호남병원(좌)과 새우젓판매장 건립(우), Ganggyeong

구 호남병원(강경)은 현재, 건물전체가 파괴되었다. 왜냐하면 소유주가 현실적으로 젓갈매장이 필요했기 때문에 철거하였다. 강경
지역의 역사문화경관조성에 아쉬움을 주지만 주민과의 합의, 지역주민의 역량강화와 이해 등을 위한 다각적인 노력이 선행되었어야
하는 교훈을 뒤 늦게 깨달음과 헐림에 대한 아쉬움은 더욱 크다.

역사적 건축물의 보존과 관리(歷史的 建築物의 保存과 管理)
Preservation and Control of Historical Buildings

지자체가 정착된 일본은 각 시 마다 도시경관에 대한 정책적 진흥책을 추진하고 있어 도시환경은 물론
가로 경관조성에 활력을 더하고 있고, 실제로 많은 실효를 거두고 있다. 우리나라 역시 지구단위계획
이나 도시 및 주거환경기본계획 등으로 도시를 정비해오다가 각 지자체별로 경관기본계획을 세워 디
자인가이드라인Design Guideline을 마련하고 2008년부터 시행된 경관법에 따른 조례를 제정하여 도시공공
디자인을 시행하고 있다. '원(舊)도심활성화계획' 등 도시환경정비를 양호하게 하는 각종 공공디자인
정책들도 다각적으로 추진하고 있는 실정이다. 중요한 것은 주민합의에 의한 건축협정이 선행되어야
성공할 수 있다. 도시경관을 주민과 함께 만들어가야 한다는 것이다. 이를 기반으로 공공디자인의 가
이드라인 및 진흥책이 마련되어야 한다.

한편, 우리나라는 국토의 균형발전과 자연·역사 및 문화의 보존과 개발을 위해 지역을 막론하고
전 국토에 걸쳐 경관법을 적용하므로 체계적인 지역경관만들기 및 관리를 위한 정책적 근거를 마련하
였는데 경관법 제3조 '경관관리의 기본원칙'은 다음과 같다.

1) 경관관리의 기본원칙

- 지역의 고유한 자연·역사 및 문화를 드러내고 지역주민들의 생활 및 경제활동과의 긴밀한 관 속
  에서 지역주민의 합의를 통하여 양호한 경관이 유지될 수 있도록 관리할 것
- 개발과 관련된 행위는 경관과 조화·균형을 이루도록 할 것
- 우수한 경관을 보전하고 훼손된 경관을 개선·복원함과 동시에 새롭게 형성되는 경관은 개성 있

는 요소를 가지도록 유도할 것

- 각 지역의 경관이 고유한 특성과 다양성을 가질 수 있도록 자율적인 경관행정 운영방식을 권장하고, 지역주민이 이에 주체적으로 참여할 수 있도록 할 것
- 국민이 아름답고 쾌적한 경관을 향유할 수 있도록 할 것

2) 도시경관보존에 관한 정책적 접근 사례

역사적 가로경관보존과 관리

Historic District Landmarks Commission, City of New Orleans

HDLC는 1976년에 창립되어 역사적 거리와 건조물을 보존·관리하므로 19C전후 도시의 문화(Local Culture), 도시의 형태(Urban Form), 그리고 건축양식(Architecture Style) 등을 생생하게 보존, 관리하고 있다. 현대도시구조와 근대가로 경관을 공존케 하므로 시민들에게 역사적 자긍심을 심어주면서도 시민문화의식을 고양시키는 교육의 장을 제공한다(City of New Orleans 자료참조).

3) 지역문화(Local Culture) 담기

- 주요한 주택의 양식(Housing Style)과 건축물
- 거리의 풍경과 커뮤니티의 특징

4) 도시형태(Urban Form) 보존

- 도시구조와 경관구조
- 주요건축물의 매스, 양식, 디테일
- 공공공간
- 상업지역과 공업지역

도시경관이 과거와 현대를 담고 미래를 예견해준다는 것은 안정되고 지속가능한 지역 만들기의 기본이다.

역사적 보존지구 및 건조물 지정, 오타루시(小樽市) 指定 歷史的 建造物, Hokkaido

단계적으로 역사적 건축물조례(1983)를 제정하고 시민합의 형성과정을 통해 도시의 역사적 경관을 만들었다. 시민합의를 도출하고, 경관 보존의식이 확산되자 신 경관조례(1993) 제정에 따른 종합적 도시경관 행정을 시작, 확대해갔다. 그 후 도시경관 정비를 목적으로 기반정비와 건축물의 규제, 유도정책을 일체적으로 운영하여 시 전체가 아름다운 도시경관을 만들어가며, 특히 역사적 건조물을 보존하므로 현재 관광과 연계한 활력이 있는 역사문화 관광도시로 재탄생한 것이다.

5) 역사적 건축물지구의 지정과 건축양식의 보존(미국의 Logan시를 중심으로)

백인들이 1859년에 정착하여 도시를 형성하기 이전에는 쇼손 원주민Shoshone Tribe이 거주하였다. 정착초기에 로간Logan시는 흙집으로써 통나무집Log Cabin을 2열로 건축하여 도시구조를 만들었다. 백인White Man들의 도시가 된 로간은 로그하우스를 중앙가로를 따라 서쪽으로 확장해나갔고, 차츰 지역에서 채취한 돌과 바위 등을 건축재로 활용하면서 내화성능의 개선만이 아니라 공간을 생각하며 트러스 구조와 벽돌조의 버네큘라 건축Vernacular Architecture으로 바꾸어나갔다.

캐쉬벨리Cache Valley에는 많은 커뮤니티들이 정착하여 살았지만 로간에 이주자들이 몰린 것은 로간이 중심지에 위치하였고 물 공급이 원활하였기 때문인데, 1900년대 전후의 주택은 어느덧 미국 서부 중소도시에서 유행한 빅토리안 양식Victorian Style의 주택을 중심으로 유러피언양식으로 건축하였다. 이는 현재까지도 도시의 역사적 경관정취와 흔적을 느끼게 하며 교외지역의 주택개발에도 영향을 줄만큼 중요한 보존지구이다.

로간시의 역사적 주택보전지구내 주택Historic Homes의 대표적인 양식을 살펴보면 다음과 같다.[36]

빅토리안 양식(Victorian Style)

퀸앤 양식(Queen Anne Style)

프레리 양식(Prairie Style)

---

36   Cache Valley Visitors Bureau, 『Cache Valley's Historic Homes』, 2010

버네큘라 양식(Vernacular Style)

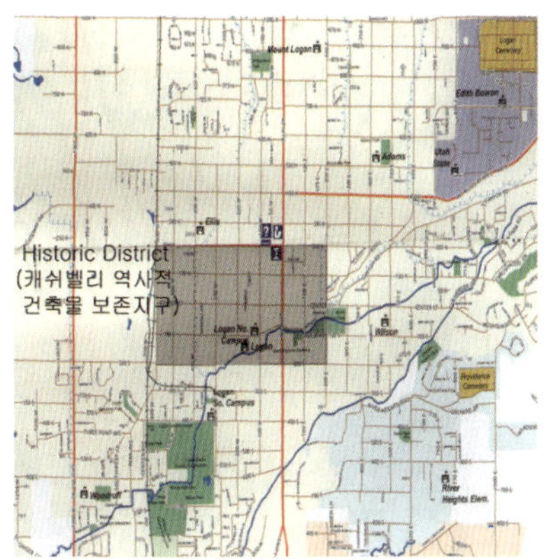
역사적 건축물 보존지구

6) Logan시의 歷史的 建築物을 保存하는 方法과 建築行爲

- 역사적 건축물 보존지구지정
- 건축가이드라인설정
- 주민참여디자인
- 주민의 역사적 건축물의 보존 의식고취

지역의 특징을 나타내는 창고(地域의 特徵을 나타내는 倉庫)
A Barn according to Locality

농촌의 생산공간인 경작지(논과 밭, 목초지 등)는 곡식이나 건초 등을 저장하는 공간으로 창고건축을 필요로 한다. 창고는 농촌지역의 대표적인 건축경관요소이다. 창고의 형태만 보아도 해당지역이 어떤 농사를 짓는 지를 예측할 수 있을 정도로 마을경관에 미치는 영향이 크다. 중요한 것은 창고와 주거공간과의 관계이며, 또한 마을전체공간 속에서 비교적 높은 건축물로 원 경관에서 보이는 창고의 형상은 마치 랜드마크처럼 솟아있어 농촌풍경을 대표하는 이미지가 되고 있다는 것이다.

시간이 흘러 사회구조의 변화와 농업작목의 변화가 야기된다면 주택뿐만 아니라 창고건축도 신재료나 신공법에 대응하여 변한다는 사실이다. 창고건축 규모와 재료사용이 달라질 수 있기 때문에 기존의 조화를 깨트리는 상황이 발생하여 획일화될 가능성이 많다. 양식의 변화까지 가져오기 보다는 현대적 재료사용이 기존양식에 맞추어주는 세심한 배려가 필요하다. 왜냐하면 신구의 조화와 함께 부분과 전체가 조화를 이룰때 아름다운 마을경관미가 만들어지기 때문이다.

경작물에 따른 대표적인 전통적 창고건축을 보면 다음과 같다.

담배생산에 따른 창고형태

1780년대 Yorktown 농가의 창고건축, Virginia

목조 스터드구조(Stud Structure)로 건축되었다. 목재 클랩보드로 벽체를 마감하였다. 지붕이 솟아 있는 것으로 보아 당시 원룸형고딕(Gothic)목조주택의 영향을 받은 것으로 보인다. 간단한 박공형창고 형태이다. 주로 담배보관창고로 활용되었으나 종종 흑인노예의 주거공간으로도 사용되었다.

1960년대 담배농가의 창고건축, Ansung

흙벽돌조적구조로 건축되었다. 흙벽돌 노출로 벽체를 마감한 소박한 담배창고이다. 흙이라는 성질이 습도와 온도를 일정하게 유지해주기 때문에 전통적으로 담배의 자연건조장으로 활용되어 왔다. 주택과 마을경관에 농촌다움의 한 요소로 위치한다.

곡류생산에 따른 창고형태

유럽의 식민지양식, 창고건축,
Colonial National Historic Pkwy.

갬브렐(Gambrel)이라는 말은 중세 라틴어 감바(Gamba, 말의 무릎)에서 유래되어 네델란드를 중심으로 발달한 갬브렐주택 양식이었다. 이는 프랑스의 망사드 지붕(Mansard Roof)과 유사하다. 이 갬브렐형창고(Gambrel Barn)는 목구조로 되어 있으며, 완경사지붕면과 급경사지붕면으로 꺾여서 용마루(Ridge Beam)를 정점으로 대칭구조의 형태를 이룬다. 이러한 형태는 곡류나 건초를 저장하기에 공간을 보다 더 확보할 수 있는 장점을 갖고 있다. 사일로와 함께 전형적인 창고건축으로 마을경관의 중요한 요소이다. 미국 동부연안의 창고건축으로 진화하면서 중서부의 곡류창고로도 전파되었다.

건초생산에 따른 창고형태

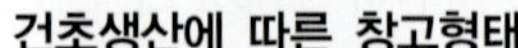

1900~1940년대 Cache Valley 축산농가 창고건축, Utah

목구가구식 박공형창고(Gable Barn)이다. 목초지에서 생산된 건초를 보관하여 겨울철에 가축에게 먹이기 위한 보관창고이다. 2층 구조형태는 1층에 우사를, 2층에 창고를 구분하여 사용하기도 한다.

식품저장을 위한 창고

1610년대 Jamestown 마을공동창고, Virginia

초기 제임스타운의 주택은 목조 흙구조(Mud & Stud)로 건축되었다. 지역에서 얻을 수 있는 진흙과 목재를 활용하여 벽체를 만들었고, 늪지에서 서식하는 갈대로 지붕을 이었다. 이것은 당시 영국 동남부지역의 농가양식을 식민지에 그대로 들여온 것이다. 지붕이 솟아 있는 것으로 보아 고딕(Gothic)목조 흙집이 생활 속에 녹아들어 있었음을 발견할 수 있다. 내부공간은 마을주민들이 공동으로 섭취해야 할 야채, 고기류, 포도주 등을 저장하기에 부족하지 않았는데, 건조된 야채와 고기류는 지붕공간을, 무거운 음식류는 바닥을 활용하였기 때문이다. 창고재료의 모든 것은 자연으로부터 얻어 손으로 제작하였기 때문에 거친 질감을 느낄 수밖에 없으나 마을 전체로 보면 건물군속에 독특한 전통미를 갖게 한다.

광과 김치각, 장독대, 외부 저장공간, Asan

우리나라의 전통 음식은 발효음식과 밥이다. 주택에서 김치와 장류나 곡류저장고가 별도로 설치 하였지만 일반적으로 곡류의 경우 광 또는 대청마루에 쌓아 두거나 장류는 장독대에 저장해 둠으로 저장 공간을 대신하였다. 여기서는 장독대를 뒤뜰에 배치하는 것과 달리 울안에 두었다. 부엌과 광과 장독대를 트라이앵글로 구성한 것이다. 생활공간배치 상 주부동선을 고려하였기 때문이다.
한편, 장을 담그는 원료인 콩으로 만든 메주는 통기성을 요하므로 처마에 달아 발효시키었는데, 이러한 음식문화는 자연스럽게 주거 생활과 연계되어 저장 공간을 만들어냈던 것이다.

방앗간, 한드미마을, Danyang

재래식 방앗간은 전기를 이용하지 않고 수차에 의한 물레방아이다. 현재, 마을에 물길을 내어 전통방식을 재현하고 있다. 마을의 방앗간은 항상 백미를 비축하였으나 개인소유의 전기건조기를 두고, 방아도 찧는 사례가 많아 유휴시설로 방치된 것을 볼 수 있다. 마을의 유휴시설을 재활용한다거나 경관요소로 활용할 가치가 많다.

가축사육을 위한 창고

마사(馬舍), Montebello

모니터(Monitor)형 창고에서 말을 사육하는 축사이다. 산간지역에 위치한 마사로 여러 필의 말을 사육할 수 있는 공간구조로 건립된 목구조형식이다. 입면양식이 기존의 박공형지붕과 갬브렐형지붕과는 약간의 차이가 있으나 좌우대칭구조로 창고의 크기와 재료가 주택과의 적절히 조화를 이루며, 마을의 독특한 경관형성적 요소로도 의미를 갖게 한다.

건축과 도시경관증진(建築과 都市景觀增進)

Improvements of View in Architecture and Urban

아름다운 거리조성사업

꽃의 거리 고베(花の まち神戸), Kobe

후레아이(ふれあい)花壇은 神戸地下街株式會社의 협력으로 조성되었다. 보행로의 귀퉁이, 사람의 발길이 빈번히 닿지 않는 공간을 활용하여 화단을 조성하여 행인들과 운전자들에게 도시와 자연의 아름다움을 느끼도록 경관을 만든 사례이다.

플라워로드(フラクーロード), Kobe

시가지나 거리의 곳곳에 화단을 만들고, 화분을 설치하여 꽃의 거리를 만들고 있다.

아름다운 건축물(경관건축상)대상 공모사업

오오사카 도시경관건축상(大阪都市京觀建築賞), Osaka

김포시 건축문화대상, 금상, Gimpo

여주이천환경건축, 특별상, Yeoju-Icheon

도시경관의 날(都市京觀の 日), 那覇市, Okinawa

나하시는 동경시, 나고야시처럼 10월 4일을 '도시경관의 날'로 지정하고 도시디자인에 관한 대회를 개최한다. 도시경관의 날(Urban Design Day)을 지정, 시민들의 참여를 유도하고, 도시를 함께 만들어가는 것이 얼마나 중요한지를 계몽하며, 그들의 관심을 끌어내는 방법으로 도시경관의 날을 제정하여 시행하고 있다.

주거지역 골목길 정비, 那覇市, Okinawa

주택가 골목길의 정비 사례이다. 시 주택건축계의 협력과 주민들의 적극적인 참여로 주택가 골목길을 재정비한 것이다. 단독주택의 주차장, 담장, 자동판매기 등이 도로 선을 침범하지 않도록 정비하였다. 도시경관 정비로 인하여 경관미의 창출뿐만 아니라 사람과 자동차의 원활한 통행을 도모하고 있다.

커뮤니티의 활력적 경관요소(活力的 景觀要素)
Vitalizing Elements of Community

건축Architecture디자인, 랜드스케이프Landscape디자인, 도시가구Street Furniture디자인은 도시경관디자인의 3요소이다.

해당 커뮤니티에 이들 3요소를 어떻게 적합하게 담느냐는 것은 그 커뮤니티의 아이덴티티Identity를 결정짓는 키워드가 될 것이다. 현대 건축기술의 발달은 어떠한 도시경관 디자인도 가능하게 해줄 수 있지만 우리가 사는 도시공간은 시간의 흐름 속에서 축적되어 온 고유한 역사와 문화를 갖고 성장해왔기 때문에 도시마다 독특한 특징을 갖게 되는 것이다. 이를 거부하고 새로운 문화예술과 기술을 도입, 재연출한다는 것은 커뮤니티의 급속한 변화를 가져오기 때문에 혼란스러울 것이다. 오히려 그 흐름을 존중하고, 순응하는 태도가 전체적 도시경관 및 부분적 가로경관의 틀들을 유지해나가는데 유익하다.

한편, 디자인은 정체된 것이 아니라 창조성의 원리에 따라 끊임없이 변화되어간다는 사실을 생각하면 건축, 랜드스케이프, 도시가구 등의 주요한 도시경관디자인요소들을 하나의 개선의 수단으로 활용하여 전통과 현대, 그리고 미래를 통합하는 공존의 질서를 만들어가는 것은 의미 있다. 예를 들어 '모든 사물은 지구의 중심으로 향 한다'는 중력의 원리를 의심해보고 신 조형언어를 만들어 사용한다든가, 반대로 근대건축으로 획일화된 도시경관을 인간성의 회복과 전통적 문화의 가치로 회귀케 하는 현대적 해석의 메타포Metaphor로 디자인에 변화를 시도해나가는 방법 등은 커뮤니티에 활력을 더할 수 있을 것이다.

우리의 도시는 1000년 고도, 600년 도읍, 근대의 도시, 현대의 뉴 타운, 그리고 공동화현상의 지방중소도시 등 다양하고 다채로운 특징을 갖고 있는 반면에 어느 도시나 복제된 기능주의 건축으로 획일화된 도시경관구조를 표출하는 문제도 담고 있다. 각 커뮤니티의 아이덴티티를 유지하면서도 매력과 활력을 줄 수 있는 도시 활력의 요소Vitalizing Elements를 찾아주는 것은 현대 커뮤니티 디자인에 있어서 중요한 개념이 될 수 있다.

건축디자인과 도시경관 飯田市美術博物館[37]

이이다시(飯田市), Japan

하라 히로시(原 廣司)가 본인의 고향 이이다시에 설계한 미술박물관이다. 설계의 기본테마는 '이이다 곡(谷)의 자연과 문화'로써 지역의 아름다운 자연을 현대적으로 재해석하여 디자인하므로 구름과 같은 입면형태와 나무와 같은 기둥형상을 도입하였다. 건축형태는 지역의 아름다운 구름을 연상하게 하는 리저널리즘(Regionalism)건축을 읽게 한다.

랜드스케이프 디자인과 도시경관

Millennium Park, Chicago

도심속의 자연, 건축, 예술, 신기술 등을 공공미술과 랜드스케이프 디자인으로 통합하여 도시경관을 만들어내고 있다. 범죄가 성행하던 도시이미지를 벗고 도심의 명소가 된 것을 보면 공공디자인을 통한 도시환경의 변화가 얼마나 중요한 지를 새롭게 인식할 수 있게 한다.

도시가구디자인과 도시경관

정비된 가로경관, 삿포로시(札幌市), Hokkaido

삿포로시의 중심 가로변에 나타난 도시가구는 전화박스, 버스승강대, 가로등, 파워박스와 보호가드레일 등이 있다. 도시가구들이 일제히 차도에 면하고 있고, 일정한 배치라인을 형성하고 있기 때문에 시민들의 통행에 지장이 없다. 버스전용차로는 갈색으로 구분하고 있다. 각각의 도시가구는 배치, 형태와 기능, 색채 등이 적절하여 가로경관을 간결하게 만들고 있다. 아름답게 정비된 거리가구는 도시 경관의 질을 한층 향상시킨다.

37　이다시 박물관홍보물

지역 커뮤니티를 배려한 교회건축(地域 커뮤니티를 配慮한 教會建築)
Church Architecture with Community

커뮤니티에서 지역사회와 함께 하기 위해 시설을 개방하는 건축물은 학교시설, 공공문화시설 외에도 종교시설로써 지역에 위치한 교회Community Church가 있다. 필자가 미국의 커뮤니티 교회의 형태구성, 공간구성, 그리고 이용실태를 파악한 경험이 있다. 그 내용을 간략히 살펴보면 다음과 같다. 교회시설은 목회자의 철학과 현재적 기독문화를 수용하기 위해 다양한 예배형식을 포함한 교회의 제 프로그램에 대응하고 있다는 것이다. 본당은 예배기능을, 교육관은 성경공부 및 각 선교회별 활동을, 옥외공간은 대부분 경 스포츠 및 유아놀이를 위한 유틸리티를 확보하고 있음을 알 수 있었는데, 예를 들어 버지니아 미들로시안시에 위치한 크레스트우드 교회Crestwood Church는 체육관을 건립하여 지역에 개방하므로 커뮤니티 교회로써의 중요한 역할을 감당하고 있는 것으로 조사되었다. 또한 인근 지역에 위치한 리디머 교회Redeemer Church는 아직 물리적 공간이 없는 교회에게 예배처소를 제공하고 있어 교회시설 개방에 있어서 적극적이었으며, 비기독교인들도 접근하기 쉽도록 입면을 수평적 요소로 강조하여 디자인하였다.

한편, 우리나라의 경우도 교회의 사회적 개방이 일반화되어가고 있지만 아직도 턱이 높다는 지적을 받고 있다. 교회의 본당을 지역의 기독문화공연장으로 활용하는 예나 어린이집과 사회복지시설을 부속시켜 교인자녀만이 아니라 지역주민의 자녀들까지 흡수하는 사례는 적지 않다. 그러나 보다 지역주민의 일상생활 가운데 공존하기 위해서는 카페공간구성과 개방, 다양한 학교(예, 아버지학교, 상담학교 등)프로그램구성과 개방, 그리고 외국인 노동자나 청소년문화공간구성과 개방 등이 현실적으로 요구된다고 본다.

1) 입면형태를 고려한 디자인과 체육관의 개방

Crestwood Church, Midlothian

교회본당, 교육관, 체육관 등이 연결형으로 배치 되어있다. 미국 지역교회의 전통적인 입면형식은 로비 상부에 큐폴라(Cupola)와 고딕창을 설치하여 상승감을 더해주는 것이다. 이 크레스트우드교회 역시 전통적 입면형태 요소를 수평적으로, 현대적으로 재해석하고 있다. 지역주민에 대한 개방적 배려이다.

예향교회의 카페공간과 개방형 입면형태, Gimpo

기존의 권위적인 교회 외관형태 이미지와는 달리 지역민 혹은 방문객이 쉽게 카페공간을 통해 쉽게 접근할 수 있도록 열린 분위기로 디자인하였다. 실제로 카페만이 아니라 전시실, 세미나실(교양강좌), 본당(공연예술) 등을 지역주민에게 개방하므로 지역과 함께 하고자 계획하고 있다. 교회가 지역과 분리되는 성스러운 공간이라는 개념보다는 누구나 교회 안으로 들어와 안식하고, 차를 마시며, 기독문화를 즐길 수 있는 공간의 개념이 의도되었다고 본다. 평일에는 지역주민에게 교회의 주차장을 개방한다. 형태만이 아니라 프로그램까지도 개방하여 지역을 담고자 하는 내용미가 넘치면 더욱 바람직하다.

주택과 부속사와의 관계(住宅과 附屬舍와의 關係)

Relationship of Home and Barn

주택과 부속사와의 조화로운 형성관계는 거주자의 주거성에 있어서 매우 중요한 요소이나 간혹 그 가치를 간과하는 경우가 있다. 주거공간에서 주택과 부속사(창고)와의 매스크기가 적절해야만 건축물의 경관이 양호하고 거주자의 심리적 안정성을 도모할 수 있으며, 아름다운 주거지경관을 만들어낼 수 있다. 반면 전원주택에서 많이 볼 수 있는 사례로 부속사가 주택보다 과도하게 클 경우 창고가 주택을 압도하게 되므로 심리적으로나 시각적으로 안정감을 잃게 될 뿐만 아니라 양호한 주거지경관을 얻을 수 없다.

따라서 주택과 부속사는 도시주택이나 농촌주택 모두에게 매스의 조화로운, 적절한 크기가 요구된다.

1) 주택과 부속사 건축 시 고려사항(가이드라인)

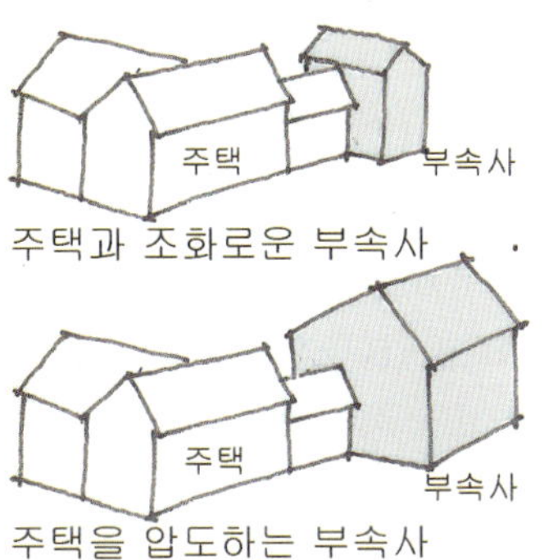

- 주택과 부속사의 크기에 있어서 부속사의 크기가 주택을 압도하지 않도록 조화롭게 디자인하는 것이 바람직하다.
- 주택과 부속사의 크기에 있어서 부속사의 크기가 주택보다 커야 할 경우 Mass의 분절이나 분동 등의 기법을 활용하여 주거 공간과의 조화 및 컨텍스트(Context)를 고려해야 한다.

조화로운 도시의 단독주택 Single House, Utah

주택과 부속사가 적절한 크기로 연결되어져 있으며, 마을경관에도 양호한 역할을 감당하고 있다.

조화로운 농촌의 단독주택 Single House, Virginia

주택 안채와 별채, 그리고 별동의 부속사가 적절한 크기로 연속되어져 자연경관에 순응하며 양호한 어메니티(Amenity)를 창출하고 있다.

개선이 요구되는 농촌주택, Gangwondo

우리나라의 농촌마을에서 흔히 볼 수 있는 육중한 창고형태이다. 특히, 마을입구나 중앙부에 자리 잡고 있는 마을 공동창고의 크기는 마을경관을 압도하는 경우가 있다. 지붕의 원색계 고채도 문제도 개선할 필요가 있다.

포말리즘 건축과 커뮤니티
Formalism Architecture and Community

건축은 기능과 형태로 공간을 만들어내며Form Follows Function _ L. Kahn, 또한 커뮤니티의 주요경관을 창출한다Form Follows Community는 점에서 도시경관에 있어서 가장 중요한 위치를 점하고 있다고 볼 수 있다.

기능주의 건축에서 진일보하여 매스와 디테일, 창의 형태 등에 상징적 혹은 장식적 요소를 더하면 건축이 마치 이야기하는 것처럼 인간성을 담은 포스트모더니즘 건축Post Modernism Architecture에서 보여주는 의미와 상징을 다양하게 표현할 수 있다. 커뮤니티에 위트를 부여하기 때문에 도시를 보다 풍요롭게 만드는 재밋거리가 된다. 뿐만 아니라 거리의 경관창조에 있어서 중요하며, 경우에 따라서 기억의 장소로, 하나의 아이콘으로 위치할 수 있다.

여기에는 구상적構想的 방법과 비구상非構想이 있다.

구상적 언어

D'art치과, 신촌, Seoul

치아의 치근 형태를 창문에 삽입하여 치과전문의원이라는 표현을 하고 있다. 간판은 흔히 사용하는 간판 대신 벽부형 글자안내판으로 간결하게 디자인하여 의원에 접근하기 어렵지 않도록 친근감이 넘치게 의도하고 있다.

Dulles Airport, U.S.A.

TWA공항을 설계한 형태주의 건축가 에로 싸리넨(Eero Saarinen)의 작품이다. 비행기의 동체와 같이 형태적으로 은유하고 있다. 'Ornament is Crime'(장식과 죄악, Adolf Loos, 1910)이라는 말로 묘사할 수 있는 근대건축의 건조한 형상을 인간의 감성과 도시의 낭만을 그리기에 충분하도록 매스의 구상적 언어구사, 즉 형태주의(Formalism)건축기법을 사용하여 도시경관을 새롭게 만들어내었다.

London City Hall, London

노만 포스터(Norman Foster)가 설계한 런던 시청사이다. 고도의 기술적, 설비적 시스템이 적용되었다. 비틀림의 비정형(Free Form)형태는 도시의 컨텍스트를 깨는 반응보다는 즐거움과 미래 실험적 아이콘으로 자리 잡게 한다. 비틈의 형식은 여러 형식으로 발견할 수 있으나 여기서는 상하좌우로 공간을 비틀고, 태양의 방위각의 일사량을 조절하기 위해 건축의 형태를 고려하여 디자인하였다. 템스강변에 면하고 있어, 산책하는 시민과 선상의 유람객들에게 창조적으로 비틀어진 시청사의 비구상적 언어구사를 통해 시청의 독특한 이미지를 나타내주고 있다.

건축, 음악, 그리고 커뮤니티(建築, 音樂, 그리고 커뮤니티)
Architecture, Music, and Community

건축Architecture에 대한 정의를 어원적으로가 아니라 음악과 관련하여 정의해 보면 시인 괴테Goethe, 1749~1832가 말했던 '*Architecture is frozen music*(건축이란 마치 얼려진 음악과 같다)'이라는 시에서 그 상관성의 실마리를 찾을 수 있을 것이다.

또 하나의 관계성은 건축을 구성하는 3대요소와 음악의 3요소를 비교해보는 것이다. 이러한 비교는 건축이 시각과 공간예술인데 반해 음악이 청각과 시간예술이기 때문에 구조적 비교에 근본적인 차이가 있지만 우리의 내면에서 느끼는 측정할 수 없는 감정Feeling으로는 두 장르를 통합실현Realization해 볼 수 있는데, 실제로 그 상관성이 적지 않다는 것도 널리 인식되어지고 있다.

1) 건축의 3대 구성요소

- 기능(Function)
- 구조(Structure)
- 미(Form)

2) 음악의 3요소

- 멜로디(Melody)
- 리듬(Rhythm)
- 하모니(Harmony)

건축과 음악과 커뮤니티의 상관성을 각각의 3구성요소를 통해 살펴보면 다음과 같다.

첫째, 건축의 기능은 음악의 멜로디와 같다. 즉, 공간이 기능하는 것처럼 음악의 멜로디는 주요 테마와 서정성의 느낌을 준다. 어떤 멜로디냐에 따라서 기쁨과 슬픔, 거룩과 낭만, 고전과 현대 등의 감정을 표현할 수 있고, 여기에 악상을 더하면 여리게Piano, p. 혹은 세게Forte, f., 부드럽고 아름답게Dolce 등 다양한 감정의 표현을 연출할 수 있다.

둘째, 건축의 구조는 음악의 리듬과 같다. 즉, 건축구조가 건축물을 크고, 작고, 높고, 낮게, 그리고 비정형으로까지 표현할 수 있듯이 건축물의 높이 변화나 창의 배치 등은 도시가로경관의 건축물 파사드에 구조 형태미를 갖게 한다. 이처럼 도시와 건축에서 아름다운 구조미를 발견할 수 있듯이 음악에서도 미학적으로 리드미컬Rhythmical하게 혹은 정격적으로(전통적으로) 작곡된 음의 구조Musical Structure를 발견할 수 있다. 예를 들어 오스트리아 작곡가 요한 스트라우스Johann Strauss, 1804~1849의 음악은 춤곡 왈츠Waltz, 3/4박자 형식를, 음악의 악성이라 부르는 루드비히 폰 베토벤Ludwig van Beethoven, 1770~1827은 피아노 소나타Sonata 형식을, 음악의 아버지라 부르는 바로크작곡가 요한 세바스챤 바흐Johann Sebastian Bach, 1685~1750는 현대를 살아가는 우리에게도 난해하게 들리는 다양한 변주곡Variation, 變奏曲을 작곡하였는데, 이들은 음악의 구조에 의해서 다채로운 운율音律과 구조형태미를 느끼게 한다.

셋째, 건축의 미는 음악의 하모니와 같다. 즉, 음악의 하모니는 협화음Accord으로 귀에 친숙하고 편안한 소리를 들려준다든가, 반대로 불협화음Discord을 사용하여 마음의 불안상태나 불규칙한 감정을 표현한다거나 강조한다. 건물의 형태가 아름답고 건축물의 배치가 잘되었다는 것을 조화롭다고 말 하듯이 음악에 있어서 예를 들어 외성(소프라노와 베이스)과 내성(알토와 테너), 각각의 성부가 4성부의 아름다운 혼성음을 만들어낼 때 하모니(조화)가 아름답다고 표현한다. 하모니를 만들어내는 기법은 으뜸화음(Primitive Chord), 장조와 단조 등 뜻과 감정의 전달을 어떻게 구조적으로 표현하느냐에 따라 천차만별하다.

3) 커뮤니티가 갖는 음악성

커뮤니티는 음악의 전체 악보와 같다. 즉, 고전적 도시 분위기라든가, 현대적 도시 분위기라든가, 전통적인 마을분위기 등 다양한 장르를 갖고 있다. 구도심은 전통적이고 고전적인 음악성을, 신도시는 도시의 모습과 같이 현대적인 음악성을 가질 수 있다는 것이다. 예를 들어 음악과 도시경관과의 관계를 악보와 대비하여 보아 '이 도시는 어떤 음악을 연상할 수 있을까?'를 생각해보고, 도시의 분위기와 음악형식을 비교 분석하면 음악과 커뮤니티가 적지 않은 공통점을 갖고 있다는 것을 발견할 수 있다.

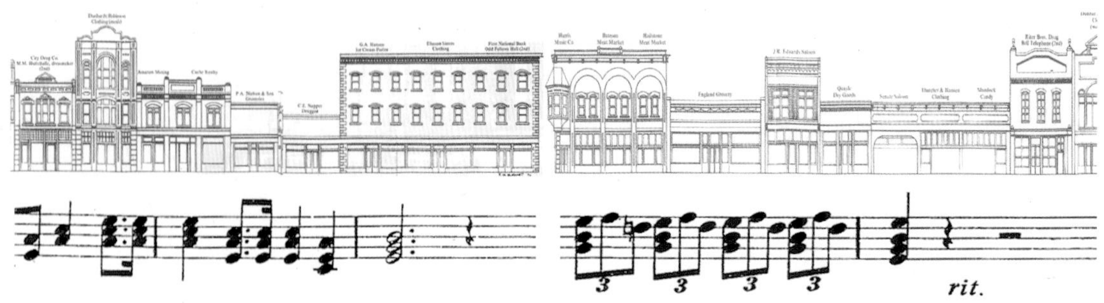

로간시의 상업지역 중심가로변의 건축물 파사드[38]

위 선율은 바그너(Richard Wagner, 1813~1883)의 탄호이저(Tannhauser) 중 그랜드 마치(Grand March-Great is Jehovah) 서주부의 일부이다. 악보의 음을 따라가면 마치 건축물 입면파사드의 높이나 형태가 오선지 위에 작곡자의 의도대로 배

---

38   Cache Valley Visiters Bureau, Logan

열되어져 있다는 것을 느끼게 된다. 로간시 상업지역의 중심가로변은 3층 이하로 제한된 전형적인 근대 상점건축형태 외에도 입면에 나타난 수평적 건축군 속에 내재된 음의 길이와 높이 등의 패턴과 악상기호의 요소들이 마치 탄호이저 도입부와 유사한 패턴을 형성 하고 있다는 점을 인식할 수 있다.

각각의 도시는 음악을 갖고 있다. 의도적이든 자발적이든 커뮤니티는 음악으로 상징되어지고 있다. 커뮤니티가 갖고 있는 음악성을 재발견하는 것은 청각적 도시이미지를 제고하는데 중요한 요소가 된다.

마을과 주택의 흐름
Modern History of Maul(Village) and Houses

1950년대 이전 자연마을

자연마을

마을과 주택은 자연의 일부분으로 얼개 되어 부분과 전체가 하나의 유기체로 순환하는 구조였다. 지역에서 얻은 건축재료로 건축한 주택은 지역색을 담고 있고, 수명을 다한 후에는 지역으로 돌아갔다. 그러나 속도나 현대적 생활기능에는 비효율적이었다.

1960년대 마을구조

취락구조개선

당시 농촌의 마을은 자연발생적인 마을구조를 하고 있었기 때문에 마을의 기반시설이 약하고, 자연 재해에 저항력이 약하며, 경운기 나 자동차의 진입 등에 어려움이 많아 근대적 마을구조개선이 필요 했다.

1970년대 집단계획마을

집단계획마을

1970년대부터 1980년대 말까지는 새마을 운동의 영향 하에 있었다 해도 과언이 아닐 것이다. 주택지붕, 울타리, 부엌, 화 장실 등은 비위생적이어서 현대생활에 적합하지 못한 것들은 시급히 개선해야 했다. 농촌주거환경과 병행하여 집단계획마 을을 통해서도 취락구조개선 사업을 실시하였다. 이를 적용하 기 위한 농어촌표준 주택은 전국적으로 보급되어 농촌환경은 순식간에 변화의 양상을 띠게 되었다.

1990년대 문화마을

문화마을

1992년 공주계룡마을과 회성우천시범마을 건립 계기로 이농현상으로 발생한 정주환경 상실의 농촌사회를 회복하기 위해 정주권개발사업을 실시하였다. 60~120호 규모의 문화마을은 주거문화의 새장을 열게한 것이다. 문화마을은 도시 출·퇴근자와 기존마을 주민이 혼주하는 계획마을이다.

2000년대 전원마을 뉴타운[39]

전원마을 및 농어촌뉴타운

농촌마을의 경관개선, 생활환경정비 및 주민(귀농자) 소득기반확충 등을 통해 농촌정주공간을 조성하여 농촌에 희망과 활력을 고취하고자 실시하고 있다. 맞춤형 전원주거단지로 도시 은퇴자와 귀농자 등의 도시민을 농촌으로 유입시킬 수 있는 대안 중의 하나로 떠오른 것이다. 주거공간의 질과 삶의 질을 동시에 향상시키는 방법으로 수요자중심의 디자인개념이 적용되고 있다.

2012년 현재, 전국단위로 5개의 농어촌뉴타운이 시범적으로 조성되고 있다. 귀농·귀촌자들을 위한 계획마을이며, 이는 농촌사회를 지탱해주는 새로운 형태의 계획마을 중의 하나가 될 것이다.

---

39   아펠바움, 용인, 가와건축 제공

COMMUNITY DESIGN

4

가로경관만들기

A Building of Streetscape

도시조명(都市照明)
Urban Lighting

우리나라는 도시민들의 야간행동이 규제되었던 시대가 있었다. 아마도 1981년, 민주화의 물결과 통금이 해제되면서 우리나라 도시의 야간조명도 발달하지 않았나는 생각이 든다. 야간통행이 일상화된 우리나라와 일본의 경우와는 달리 서구의 여러 나라들은 범죄와 생활패턴 등의 이유로 야간행동이 상대적으로 많지 않음을 알 수 있다. 도시의 조명방식도 차이가 있을 수 있으나 도시의 조명계획 Lighting Plan 은 일반적으로 '도시의 골격을 표현하는 조명', '도시에 방향성을 부여하는 조명', '주거지역 및 상업지역 등의 지구특성을 표시하는 조명' 등으로 그 성격을 부여할 수 있다. 조명계획을 작성하는데 있어서 다음과 같은 내용이 요구된다.[40]

- 야간에 있어서 도시경관의 상태와 과제의 파악: 자연지형과 골격적 도시시설을 기반으로 경관구조의 이해와 야경관의 상태 및 과제의 정리
- 목표의 설정(야경관연출의 개념): 도시전체에 있어서 야경관형성목표의 설정
- 도시스케일(Scale) 경관요소의 추출 및 조명방침의 설정: 도시스케일의 경관요소의 조명방식과 방향설정
- 지구 등의 조명성격설정과 정비방향설정: 지구의 성격으로부터 빛을 조닝(Zoning)하고, 지구 각각의 밝기라든가 조명방식의 방향설정 그리고 도시의 조명계획기법을 구성하는데 있어서 첫째, 도시의 아이덴티티(Identity)을 고양시킨다. 야경의 파노라마(Panorama)를 보여준다. 야경의 스카이 라이팅(Sky Lighting, 지상으로부터의 조망)을 보여준다. 도시구조를 눈에 띄게 한다. 특징적인 것을 부각시킨다. 둘째, 도시를 알리기 쉽게 한다(빛으로 방향을 표시한다). 셋째, 도시에 시간감각을 부여한다(빛으로 시간과 계절감을 부여한다).

이처럼 현대도시에 있어서 야간조명은 중요한 요소가 아닐 수 없다. 도시의 야간경관조명방식은 가로등과 간판조명을 비롯한 건축물조명, 가로경관조명, 교량구조물조명, 교통관련조명 등 매우 다양하다. 야간조명을 어떻게 하느냐에 따라서 도시의 분위기 및 도시공간속에서의 포인트로써 강조점, 그리고 도시의 아이덴티티를 얻어낼 수 있다. 심미적 표현 등 세심한 부분까지 고려해야 한다.

---

40   日本建築學會 編, 『空間學事典』, 井土書院, 1996, pp. 170~171

1) 도시의 아이덴티티(Identity)를 높여주는 조명

파노라마야경관, Panorama Night View, Sydney

도시의 야간조명, 파노라마 경관이다. 오른쪽 상부의 시드니타워 (Sydney Tower)는 도시의 야간아이스톱(Eye Stop)으로 상징 성과 방향성을 부여하고 있다. 도시구조를 한 눈에 볼 수 있다.

스카이조명경관, Sky Lighting View, Hongkong

현란한 홍콩의 야경관이다. 스카이 라이팅(Sky Lighting)기법 으로 고층건물들을 지상으로부터 조명하고 있다. 아이엠 페이 (I.M.Pei)가 설계한 은행(Bank of China)은 선조명으로 건축 의 구조미가 드러난다.

라이트스케이프, Lightscape, Praha

도시 경관조명은 도시의 특징은 물론 강조하고자 하는 포인트를 부각시킨다. 블타바(Vltava)강과 주거지역, 도로 등을 배경으로 프라하성을 강조하여 조명하므로 프라하시의 라이트스케이프를 아름다운 야경관으로 비춰주고 있다.

도시의 야간경관과 조명(都市의 夜景景觀과 照明)

A Night Scene and Lighting of Urban

가로경관조명

상점가로야간경관, Osaka

상점가의 가로등과 간판네온사인은 상점가로의 버네큘러적 도시 특성을 들추어주는데 자연스럽다. 가로등조명, 돌출간판조명 등 의 위치와 형태, 크기를 일정한 높이로 패턴화한 것은 저층상점 건축들의 야간풍경을 낭만적 분위기로 연출하기 위함일 뿐만 아 니라 통일감을 갖게 하기 위한 수법이다.

천변경관조명

루미나리에(Luminarie)청계천 축제, Seoul

빛의 축제로도 불리우는 2007서울루미나리에축제이다. 시청 앞 광장의 크리스마스 대형트리로부터 이어지는 청계천의 연말 빛의 축제는 찬란한 왕관모양과 기하학적 조명패턴을 구성하며 청계천이 흐르는 천변야경관을 만들어내고 있다. 청계천 복원의 기쁨과 서울시민(Hi' Seoul)들의 축제참여로 도시의 특색 있는 분위기를 만들어내게 한다.

도시구조물경관조명

지하보도의 지붕구조물조명, Kobe

고베시의 지하보도 입구의 지붕 장식조명이다. 순차적으로 점멸하며 장소성을 말해주면서도 주변의 야간경관에 하나의 강조하는 점으로써 본래적 기능과 곡선의 장식적 표현이 주변과 조화를 이루고 있다. 시각장애우와 노약자를 위한 보도블럭 및 핸드레일은 이들이 식별하기에 무리가 없을 것이다.

도로상부의 지붕구조물조명, Daejeon

하천 도로상부의 아치지붕의 장식조명이다. 업라이팅(Up-Lighting) 방식으로 빛을 비춘다. 조명색이 수시로 변하기 때문에 동적인 분위기와 야경관의 심미적 감정을 갖게 한다.

교량구조물경관조명

라이트업(Light Up) 조명, Rotterdam

벤 반 베르켈(Ben Van Berkel)이 설계한 에라스무스 교량이다. 드라마틱한 연출로 도시창조 경관을 만들어냈다. 교각을 바닥에서 상부로 조명한다. 교량의 강한 인장력을 느낄 수 있다. 부채꼴모양의 기하학적 선의 형상은 도시공간속의 야경관 포인트로, 랜드마크로 작용하고 있다.

야간분수경관조명

분수와 파노라마 야경관, Sydney

야간조명은 도시마다 품위와 문화적 내용의 표현적 수단으로도 활용되고 있다. 도시의 낭만적, 상징적, 홍보적 연출이 의도될 수 있으나 가장 아름다운 야간조명이란 부분의 합리적, 미적조명이 모아져 도시 전체를 조화롭게 연출해낼 때 가능하다.

거리조명(距離照明)
Lighting of Street

도시공간에 있어서 가로조명은 보행자와 자동차 운전자 모두에게 야간의 안전한 통행을 위해 요구되는 기본적인 조명요소이고, 더 나아가 도시의 가로경관을 감성적으로 다가가게 한다. 일루미네이션 Illumination조명과 네온사인조명, 상가에서 비쳐나오는 건축조명 전체가 모아져서 아름다운 거리조명을 만들어내는데 이 중에 가로등은 가장 일반적인 거리의 조명등이며, 가로교통의 안전과 보안을 위하여 가로를 따라서 설치된다. 가로등은 가설형식에 따라 다등식多燈式. 현수식懸垂式, 주두식柱頭式 등으로 구분한다.[41]

종종 상점거리의 조명계획에서 가로등에만 의존하므로 사각지대가 발생하는 경우가 있는데, 사각지대가 발생하면 안전은 물론 범죄에 노출될 수 있기 때문에 조명의 범위를 확인, 개선해야 하고, 조명을 기준치보다 밝게 하므로 고객을 끌고자 하는 의도된 조명이 있으나 현휘와 불쾌감을 초래하지 않도록 고려해야 한다.

1) 가로등 국부조명의 개선방안

집중조명에서 전반확산조명방식

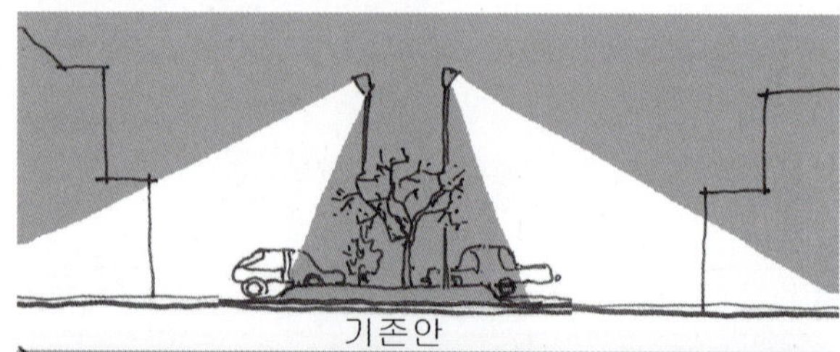

기존안의 경우 가로등에 의한 집중조명으로 보행로와 화단부가 가려졌으나 개선안에서 전반확산조명으로 바꾸므로 조명의 사각지대를 없애는 방식이다. 조명의 확산으로 안전성과 범죄 등의 예방에 효과가 있을 것으로 기대할 수 있다.

전체조명과 보조조명의 혼합방식

Millenium Park, Chicago

공원의 가로등이 균등배치방식으로 조명하고 있다. 국부적으로 사각지대가 발생할 수 있는 공간은 보조조명기구를 중첩되게 설치하여 비추게 하므로 전체적으로 조명의 사각지대 없이 균등한 조도를 확보하고 있다.

---

41   송진희,『문화도시경쟁력과 디자인』, 기문당, 2007, p. 70

라인(Line)형식의 조명방식

역사의 길, 전주교동, Jeonju

가로등이 전체 가로 경관조명과 혼합되어 조명라인을 형성하면서 통행에 도움을 주고 있다. 전주 역사의 길을 비추고 있는 조명은 라이트 업(Light Up)이 아니라 탑 다운(Top Down)으로써 위로부터 내려오는 빛으로 하여금 도시거리의 야경관을 만들어내고 있다. 사람들이 찾아오는 명소가 된 것이다.

가로등(街路燈)
Street Light

가로등은 가설형식에 따라 주두형 등 3가지 형식으로 분류할 수 있으나 거리에 노출되어 있는 사적 조명까지 포함하면 매우 다양한 형식을 찾아 볼 수 있다. 지금까지 가로등과 같이 조명의 에너지원은 화석 에너지나 원자력에너지에 의존해오고 있으나 에너지의 고갈현상과 원자로의 위험성 때문에 신재생에너지사용의 필요성이 절실해졌고, 실제로 태양광과 풍력을 이용한 가로등이 개발되어 미세하게나마 사용되고 있는 실정이다. 금후 전기에너지원이 다양해질 수 있으며, 가로등의 형식도 다양해질 수 있다는 것이다.

수공예 가로등과 가로등의 예술성

사적 상업조명
좌) 레스토랑, 나고시, Okinawa
우) 카페, 키타큐슈, Kyushu

개인조명도 공공조명과 함께 도시 야경관을 창조하는데 중요하게 역할 한다. 일본의 전통적 요소와 현대적 서구조명스타일의 대조를 보인다.

가로등과 예술품장식, Hokkaido

가로등에 펜턴트 화분을 거치한다거나 도시의 이미지를 담아 조형물을 거치하는 것은 거리의 분위기를 한층 고양시키는 요소가 된다.

신재생에너지 가로등

신재생에너지 가로등, 전원마을, Ansan

태양광과 풍력발전을 이용하여 전원을 얻는 복합형 가로등이다. 특히, 화석에너지에 의존하는 가로등을 대체할 만한 실용화단계는 아니나 소규모단지나 단독주택에서는 신재생에너지를 활용한 가로등 혹은 정원등이 가능할 것이다.

● 원리: 태양광과 바람의 에너지를 이용하여 전기를 생산한다. 축전지에 보관하여 야간에 전등으로 밝혀 사용할 수 있다.

현대감각의 가로등과 복합기능

가로등 위 깃발거치, Tokyo

가로등의 본래적 기능 외에 가로등의 높이를 활용하여 건축물이 필요한 홍보물이나 커뮤니티가 요구하는 광고물, 그리고 국기 등을 거치하는 기둥으로도 활용할 수 있다. 가로등의 예술적 디자인과 복합적 용도로 활용할 수 있는 점을 감안하면 가로조명은 물론 커뮤니티의 정보제공 및 활력증진을 보다 더 가능케 할 것이다.

가로등의 다양한 형태(街路燈의 多樣한 形態)

Types of Lighting

주두식(柱頭式)

다등식(多燈式)

현수식(懸垂式)

가변식(可變式)

사인

사인디자인에 있어서 글자의 크기와 판독거리를 이해하는 것은 무엇보다 중요하다. 글자의 크기를 결정할 때 주변의 경관뿐만 아니라 문자의 판독거리와 글씨체를 고려하는 것이 요구되기 때문이다. 문자높이와 판독거리는 여러 상황에 따라 달라질 수 있지만 일정한 비례관계를 형성하고 있는 것으로 연구되었다. 예를 들면 4cm높이의 글씨는 15m정도의 거리에서 읽을 수 있고, 8cm의 글씨크기는 28m정도의 거리에서도 판독할 수 있다.

아래 그림은 문자의 높이와 판독거리를 실험적으로 연구한 결과를 나타낸 것이다.

문자높이와 판독거리와의 관계[42]

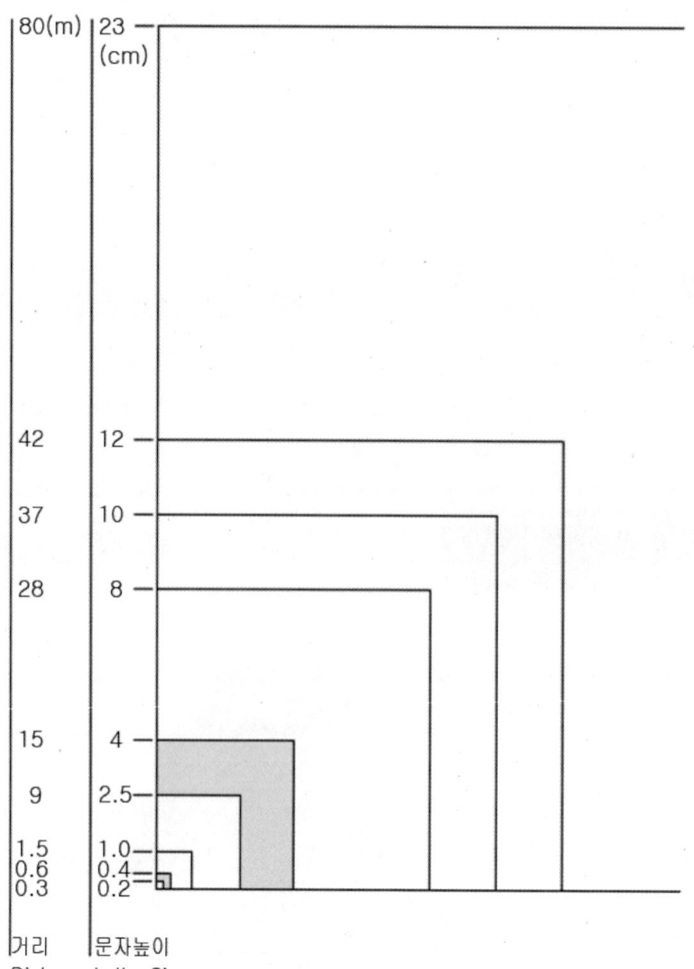

---

42   Masaru Sato, 『Community Design』(株式會社グラフィック社), 1992, p.90

옥외광고물의 컨트롤
Control of Outdoor Signs

옥외광고물의 종류는 포스터, 벽보, 장대깃발, 현수막, 입간판, 난염暖簾, 점포의 간판, 광고판, 광고탑, 네온사인 등 영리와 선전을 목적으로 한다거나 그렇지 않다하더라도 이름과 표어 등을 포함한, 옥외에서 표시하거나 설치하는 전체 표시물이다. 옥외광고물은 건물과 가로의 이미지를 형성하는 일부이며, 경관을 만들어내는 데 있어서 매우 중요하다. 따라서 경관정비의 일환으로 이것을 규정하는 사례가 점점 늘어나고 있다. 면적과 높이 제한, 색채의 제한, 조명과 사인 형성 등의 일본 사례를 보면 다음과 같다.[43]

1) 면적과 높이의 제한

도시에 따라서 약간의 차이가 있지만 광고물의 높이와 면적은 조례에 따라서 규제되고 있다. 『옥외광고물』은 높이를 건물의 2/3로 하는 예가 대부분이며, 지역에 따라서 차이가 있고, 면적은 10㎡~100㎡이하로 한 예가 많다. 『돌출간판(袖看板)광고』는 대개 20㎡이하로 하며, 보도 위 2.5~3.5m이상, 도로 위 4.5~4.7m이상으로 부착하도록 각각 규정되어 있다. 『광고판』과 『광고탑』은 면적 10~100㎡까지 이것도 제각기 규정되고 있다. 이와 같은 규제들이 부적당하다는 비판도 많다. 옥외광고물은 거리의 분위기를 연출하는데 효과도 있다. 그러나 과거의 경험에 따르면 커다란 광고가 반드시 효과적이지는 않다는 반성을 거울삼아 현재는 디자인의 질이 요구되는 시대가 되고 있다. 이러한 점을 고려하여 해당 지역의 특성과 성격에 대응하고, 세심하게 배려할 필요가 있다.

2) 색채의 제한

일반적으로 색채에 관한 강제적인 제한은 세워지고 있지만 빨강, 노랑 등의 화려한 컬러를 피하고, 색 수를 제한하도록 행정지도 하는 경우가 많이 있다. 형광등과 반사도료의 사용을 제한하는 경우도 있다. 새로운 방법으로 채도에 의한 면적의 제한을 시행하는 경우도 있다.

3) 조명과 사인

미관지구로 지정되어 있는 일부 지구 및 지역에 있어서 네온사인Neon Lamps 및 일루미네이션Illuminations 등이 금지되고 있는 경우도 있지만 일반적으로 강한 규제를 하고 있는 경우는 적다. 대도시의 일부는 야간활동에 활발하므로 야간의 경관형성을 고려한 규제를 고려하지 않으면 안 될 것이다.

4) 형상

공중에로의 위험방지를 위해 4m를 넘는 것에 대해서는 구조 설계도를 첨부할 필요가 있다. 보스턴에서는 디자인 내용까지 행정 지도에 의해서 제한되고 있지만 일본에서는 그대로 따라 하기가 어려워 금후 과제로 남기고 있다.

---

43   전게서, p.57.

건축물의 사인(建築物의 사인)
Sign in Building

건축물의 정면부 혹은 측면부에 붙게 되는 사인은 그 크기, 글자와 문양, 색채 및 재료사용, 위치 등을 결정하는데 있어서 건축적 개념을 통합하는 차원으로 디자인하는 것이 바람직하다. 간혹 건축물의 정면부에 형형색색으로 제작된 사인들이 상호의 인식을 보다 강조하기 위해 사인보드나 글씨의 크기를 과도하게 크게 제작하여 거치하는 사례가 적지 않아 건축물자체가 사인으로 뒤덮힌 경우가 많다. 건축이 주인이 아니라 사인이 주인으로 전도된 거리풍경을 흔히 찾아 볼 수 있는 것이다. 결국, 특정 상호만 주목을 끌게 한다면 사인으로 인한 커뮤니티의 전체적 관계가 헤치는 일도 발생할 수 있을 것이다.

　따라서 사인은 커뮤니티의 경관형성에 중요한 요소 중의 하나가 되므로 상점들 상호간의 아이덴티티를 존중하는 차원에서도 신중한 컨트롤이 필요하다. 아름다운 건축물의 사인디자인을 위해서 이웃간의 배려와 협의가 필요하다. 건물의 사인디자인 시 고려해야 할 사항과 그 예시는 다음과 같다.

- 건축물을 압도하지 않고, 유사하거나 보조적인 성격을 갖도록 한다.
- 캐노피나 건물의 층간 면 등 특정부위에 사인을 설치하여 개구부를 막거나 정렬이 흐트러지지 않도록 한다. 건물의 파사드를 흐트러트리면 아니 된다.
- 사인의 형태, 크기, 위치와 색채 등은 건축의 형태, 색채, 재료상세 등과 조화를 이루어야 한다.
- 보행자는 물론 자전거, 자동차 등을 타고서도 식별이 가능하도록 배려하는 것이 바람직하다.

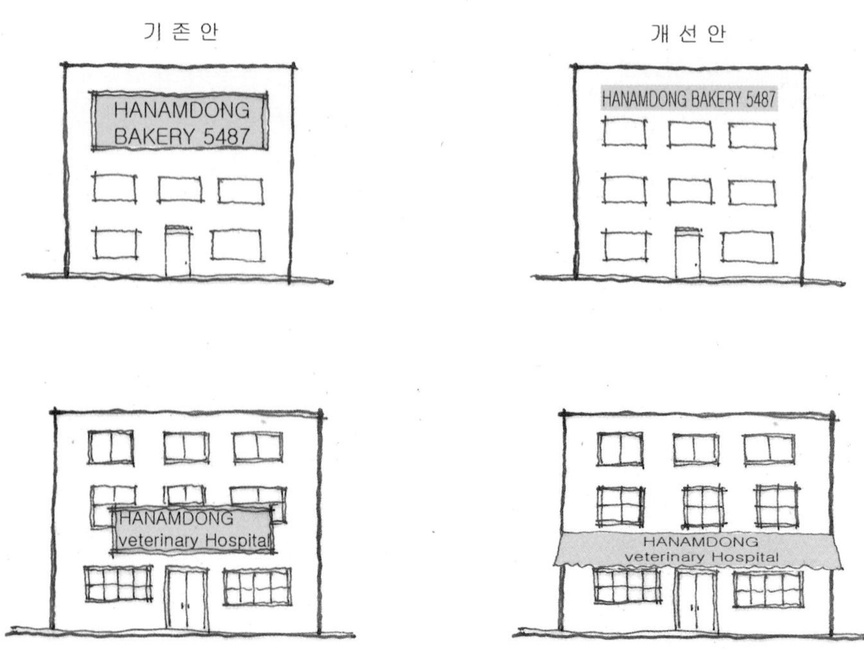

사인의 질(質)

도시의 가로경관에서 사인이 차지하는 시각적, 심미적 영향은 적지 않다고 볼 수 있다. 현재 우리 도시에서 사인디자인에 대한 불만은 일반시민들로부터 나오고 있어 지자체마다 사인디자인의 질적 향상을 위한 정책적 접근이 추진되고 있고, 실제적으로 개선된 사례가 많다. 그러나 전체적으로 통합적인 개선이라 볼 수 없다. 건물이 사인들로 뒤덮여서 건물이 사인 벽화된 것은 사인을 수공예로부터 벗어나 컴퓨터로 대량생산이 가능한 때부터 더욱 심화되었다. 사인의 크기, 위치, 색깔, 폰트, 형태, 사인보드의 재료 등에 따라서 식별뿐만 아니라 심미성(감성)까지 부여하면 주민과 방문객 모두에게 도시의 분위기와 가로경관을 한층 고양시킬 수 있는 요소가 된다.

Mr. B's BISTRO, 레스토랑

레스토랑의 사인과 오늘의 메뉴판이 기둥에 걸려 있고, 나무사인보드(Wood Sign Board)를 사용하고 있다. 벽등 조명으로 주간에도 인식을 가능하게 한다. 사인보드, 글씨체, 색깔 등이 조화를 이루는 이 사인은 보행자에게 주의(Attention)를 끄는 요인이 된다. 다음 소비자 구매행동 프로세스를 기억해 보자.

- A-Attention(주의)
- I -Interest(흥미)
- D-Desire(욕구)
- M-Memory(기억)
- A-Action(행동)

간판이 정비된 남대문상가 가로변, Seoul

Mr. B's BAR 사인, New Orleans

셔틀버스스톱사인, BAYLOR University

수공예 장식사인, Goldgasse, Salzburg

광고물의 사인(廣告物의 사인)
Signs of Advertisement

The AXA "I can stretch out without stret ching my money" PLAN 광고, Singapore

일반고객, 특히 여성고객들에게 호감을 갖게 하는 모자, 가방, 드레스, 와인잔 등의 대중적인 요소들을 활용하여 광고하고 있다. 친밀감을 더해준다.

Deutsches Architektur Museum, Germany 건축작품전 광고물

웅거스(O.M. UNgers)의 신합리주의(Neo-Rationalism)경향의 건축양식 작품을 볼 수 있다. 광고물을 정면 좌우에 대칭적으로 설치하였다. 이는 건축물이 갖는 대칭적 형태, 균형미에 대한 배려로 볼 수 있다.

ENBUDAI, Japan

청색보드로 간결하게 표현했다.

HSBC, Hongkong

글씨와 조명으로 광고하고 있다.

중심상점가, Tokyo

아이코닉한 광고로 주의를 끌고 있다.

JFK Airport, New York

- Eat, Drink, Shop: 파랑색, 녹색, 빨강색.

- Ticketing, Checking in: 노랑색. 특히 체크인에 대해서 원색인 노랑색을 사용한 것은 승객에게 눈에 잘 띄게 하고, 조명을 넣어 강조하므로 주의를 환기시키고자 계획한 것이다.

JFK Airport, New York

대중적 연예인과 같은 인물이 강조된 대형 패널광고판을 천장에 매달아 승객들에게 다가가고 있다. 광고효과의 극대화로 보이나 공간의 크기에 제약을 받기 때문에 좁은 공간에서의 시도는 주의해야 한다.

상) Acrosqure, Japan

오렌지 색채의 삼각 천 패널을 리듬감 있게 배치하므로 미적 감각을 상승시키고 있다. 광고의 세련미를 발견할 수 있다.

하) 풀장입구표시, Japan

무채색의 노출콘크리트 벽을 배경으로 유채색의 바다색을 사용하여 강조, 입구성을 부여하였다.

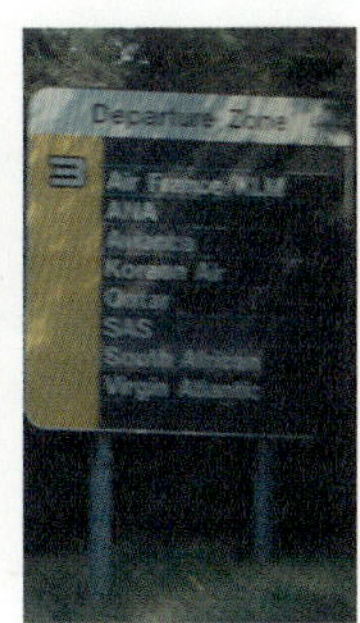

Departure Zone, Dulles Airport.

항공사와 출발장소를 번호와 색깔별로 구분하고 있다. 운전자 승객과 방문자들이 색깔을 보고 항공사의 출발위치를 고속도로 상에서 미리 확인할 수 있도록 배려하고 있다.

사인의 전달과 표현, 그리고 연출(사인의 傳達과 表現, 그리고 演出)
Message, Presentation, and Production of Sign

사인디자인에 있어서 단순히 의미의 전달이라는 본질적 문제를 담기보다는 이에 조형미를 가미하여 표현의 예술성을 더한다면 건물의 이미지는 물론 거리에 낭만적 분위기를 조성할 수 있다. 문자의 전달과 표현, 재료와 색채의 사용, 벽걸이형과 기둥형 등의 형식을 어떻게 선택하고 디자인화 하느냐는 예술성과 조형성을 창출하는데 필요한 요소이지만, 기본적으로 예술성과 조형성을 추구하는 시민의식이 바탕이 되어야 한다.

北海道라는 지명의 전달과 표현의 예술성 한자일본어를 서예와 색채로 재구성, 공공기관에서 사용하므로 공식서체가 되었다.

시적 연출, 일본전형적인 유럽의 방패모양의 사인보드와 벽돌출 간판형식의 조형성과 그림이라는 예술적 표현을 시도하여 바닥의 꽃장식과 함께 낭만적인 경관을 연출하고 있다. 벽등, 입간판, 화분 등의 배치에 리듬을 두어 시적 구도로 경관 구성하고 있다.

현대 도시공간에서 가장 일반적으로 활용하는 안내표시 중의 하나로 CG시스템으로 디자인한 기둥 간판이다. 픽토그램(Pictogram)의 표현, 색채, 화단과의 배치 등이 상호 조화를 이루고 있다.

근대건축물에 고전적인 수공예간판을 돌출시켜 부착하였다. 도시이미지를 반영하고 있다. 운하의 도시에 교역관련 상호들이 독특한 간판을 내걸고 있는데, 이 간판은 서양의 가로경관 사인디자인으로부터 영향을 받은 것으로 추측할 수 있다.

생활의 도구, Chesterfield County

전통적 이동수단인 마차의 바퀴를 도색하고, 전등을 달아 입구사인으로 활용한다. 우편함과 조화롭게 좌우대칭구조로 배치하였다. 생활도구가 사인이 되어 토피어리와 조화를 이루는 전원경관을 갖게 한다.

전광판(시계모양)광고, Tokyo

글씨광고와 사인류의 정비를 통한 광고

글씨와 그림, 그리고 건축형태를 활용한 광고

교육과 학습간판(敎育과 學習看板)
Educational and Learning Signboards

동경성 안드레교회, Okinawa

캠퍼스 입구에 설치된 경사 안내 대를 통해 교회의 역사, 위치, 내용 등을 구체적인 지도 및 그림과 해설로 방문객들의 눈높이를 고려하여 설명하고 있다.

George Wythe House and Gardens, 해설안내판, Williamsburg

역사적 건조물에 대한 건축적 내용들을 해설하는 교육적 의미가 크다. 정원에 매입, 자연과 조화를 고려하고 있다. 녹색의 생 울타리에 역사 해설판이 조화를 이루도록 무채색판을 사용하였다.

동경성 안드레교회 주일학교안내, Okinawa

주민과 방문객들에게 예배안내와 어린이예배(학교) 안내를 손으로 그림과 글씨로 써서 제작, 친절하게 안내하고 있다. 보행자가 볼 수 있도록 유리창에 붙여 놓았다. 정성이 담긴 수공예와 그림 글씨의 제작은 행인들에게 관심과 정감을 느끼게 한다.

펜스의 활용, Yorktown

1764년 4월에 일어난 사실과 관련, 인물들을 펜스를 따라 이동하며 읽을 수 있도록 시대별로 안내하고 있다. 역사적인 교육과 배움의 현장에서 박물관에 들어가기 전에 미리서 읽게 하는 학습의 도구로 활용하고 있다. 역사의식과 교육이 얼마나 중요한지, 그리고 어떻게 전달해야 하는지를 이해할 수 있는 방법 중의 하나이다.

간판의 형태와 기능(看板의 形態와 機能)
Forms and Functions of Signboards

대도시는 대중교통시설인 지하철과 시내버스에 의존하는 비중이 크다. 각 노선마다 정차를 위한 역사나 승강장 등의 교통시설을 갖고 있는데, 그 디자인의 양상도 도시의 특징을 나타낼 만큼 독특하고, 이용에 편리성까지 감안한 사례가 많다(예, 브라질 꾸리치바시의 버스승강대). 그러나 버스승강장이라 해서 반드시 부스가 설치될 필요는 없다. 다만, 눈, 비, 햇빛 등으로부터 승객을 보호하고, 기다림과 쉼터를 마련해주기 위한 기능적인 측면과 버스스톱이라는 인지성을 부여하기 위한 형태적 측면을 담고 있기 때문에 사람의 이동빈도가 높은 곳에 설치하면 좋다. 인도의 폭이 좁을 경우는 안내표시판만으로도 충분하다.

중요한 것은 시민들이 인식할 수 있도록 차량의 정차지점을 명확하게 표시하는 것이다. 한편 건물에 벽간판을 설치하는 것보다 가로등에 복합적으로 입간판을 설치하여 조형적으로 통합하는 방법, 그리고 다중 파로라마식도 창조적 아이디어가 된다.

교통안내 입간판

M, 'Dupant Circle Station', Washington
메트로 워싱턴의 듀팡 써클 스테이션의 스텐드형 기둥간판이다. 정사각형의 장대형 입간판이다. 'M'은 워싱턴 메트로 지하철을 의미하는 것으로 단순히 대문자로 통일되었지만 기억, 주변과의 조화, 인식의 용이성, 디자인의 세련미, 위치와 크기의 적절성 등을 복합적으로 고려하여 디자인하였음을 알 수 있다.

상업안내 입간판

Christina Chambell's Tavern, Williamsburg
식민지시대의 고전적 사인형태이다. 18C 영국의 계획타운이었던 윌리암스버그 내 태번이다. 고전적 삼각통형태로 너와지붕처럼 지붕면을 처리하고, 자유서체의 글씨이미지로 상호에 고전미를 담았다.
역사적 건축물을 보존하고 있는 타운에서는 참고 할만하다.

Whitechapel Gallery, London

현대적 사인형태이다. 식당(Dining Room), 카페와 바(Cafe & Bar), 서점
(Bookshop) 등의 상점들을 벽면간판이나 돌출간판을 사용하지 않고 보행로
위에 안내판으로 통합 디자인하였다. 가로등까지 복합시켜 다중기능을 감당하
도록 하면 더욱 바람직할 것이다. 주변을 살펴보면 런던시를 상징하는 빨강색
의 2층 버스, 인도상의 자전거주차, 그리고 거리의 승객과 보행자 모두가 일상
의 가로경관단면을 보여주고 있다. 이처럼 디자인된 통합형 입간판을 사용하면
한층 거리가 정리되었다는 느낌을 줄 수 있을 것이다. 복잡한 가로에 있어서 건
축물의 간판과 가로등의 통합적 안내방법은 가로경관을 간결하고, 새롭게 만들
어내는 방법으로 고려해볼 수 있다.

파노라마식 입간판

강남대로의 디지털 파노라마 입간판, Seoul

도로상의 운전자와 보행공간의 보행자 모두가 판상형 기둥입간판에서 제공되는 정보를 파노라마식으로 감상하며, 습득할 수 있다.
도로 양측에 젊은이들이 모이는 이유를 여기서도 찾을 수 있을 것이다.

이동식 입간판

Southwark Catherdral 시설안내입간판, London

A형 입간판으로 성당의 각종 시설들을 안내하고 있
다. 이동이 가능한 간판이다. 석조에서 오는 회색계
건축물 및 보도블록의 색채와는 대조적으로 노랑색,
원색을 사용하여 악센트를 주어 그 식별성을 강조하고
있다. 옥외 카페공간의 테이블도 분홍색을 사용하고
있다.

기둥위 복합적 안내표시, London

협소한 보행공간에서 공간을 최소화하면서도 안내의 기능을 충실히 하고자할 때 복합식으로 구성하면 더욱 바람직하다. 여기서는 2m이하의 보행로 폭 때문에 장소가 요구하는 여러 가지 안내판들을 단독적으로 설치하기 곤란하다. 따라서 하나의 기둥 위에 복합적인 구성방식을 택하고 있다. 구체적으로 보면 상호안내(Blooming Bankside), 펜던트 꽃바구니, 오른쪽 방향 표시, 금지표시(Except cycles), 금연표시를 담은 마켓상호, 기둥형 재떨이 등 무려 7가지의 안내표시를 복합시키고 있다. 복합식 구성방식은 단독간판보다는 안내의 효과가 떨어질 수 있으나, 협소공간에서 적용할 만하다.

단순히 글과 방향 표시만으로 간결하게 표현, 단순미가 보인다.

수공예 간판

간판의 통일감과 디자인은 방문자들에게 인식의 수단이면서 동시에 매력을 주는 거리요소가 된다.

컴퓨터그래픽스 간판

벽면에 세로로 부착, 통일감을 부여하고 건물의 파사드와 재료를 침해하지 않아 도시경관을 한층 고양시키고 있다.

원통형 간판과 인간조형물

간판의 조형적 표현으로 미적 효과를 강조하고 있다.

보도블럭 위 안내도, Okinawa

방문객의 현재위치, 목적지 등을 도로바닥에서 찾을 수 있게 하였다. 안내판의 공간배치개념을 달리할 수 있는 예이다.

공간적 사인(空間的 사인)

Spatial Signs

사인의 형태는 장소 또는 가로의 공간에 따라서 기능과 경관상 가장 적합한 형태로 결정하는 것이 바람직하다. 일반적으로 장소에 구애받지 않고 설치할 수 있는 사인형태는 기둥형 사인이다. 그러나 이것은 거리에 경쾌함을 주지만 획일성을 부여할 가능성이 많다. 스피드를 요하는 곳에 많이 사용된다. 거치구조를 소홀히 하면 안전성이 떨어질 위험이 있다. 따라서 사인 선택 시 벽면형 사인, 사면형 사인, 평면형 사인, 기둥형 사인, 돌출형 사인(펜던트형), 벽부형 사인, 말뚝형 사인 가운데 해당 장소 또는 공간에 정보를 정확하게 전달하면서도 구조적으로 안정적이고 경관에 조화로운 사인을 선택하는 것이 중요하다.

기둥형 사인

사에키(佐伯)農場, 기둥사인, Japan

기둥사인은 주로 넓은 장소나 도로변에 사용하는 것이 유리하다. 캠퍼스에서 건축물과 시설물의 안내를 위해서 다수의 안내판을 부착하면 더욱 효율적이다. 재질에 따라서 방부, 방청, 도색 등을 필요로 한다. 내구성은 물론 안정적 구조로 거치하는 것이 중요하다.

말뚝형 사인

키타네시쯔(北根室)Ranch Way, 말뚝사인, Japan

말뚝사인. 일본 산악지형이나 특정지점을 표시하고자할 때 주로 사용된다. 단순히 말뚝만 고정시켜서 정보를 제공 하지만 정점부분을 마름모꼴로 모이게 한다든가 지붕장식을 하면 미관상 좋다. 흰색바탕에 검정색 글씨가 눈에 띄지만 역사와 문화적 가치가 있을 경우 갈색 계통을 고려하는 것도 하나의 방법이다.

펜던트형 사인

시장의 사인, London

일반적으로 공항, 터미널과 같이 천정고가 높고 공간이 클 때 사용하면 유리하다. 시장의 경우 몰의 천정이 높기 때문에 안내판 혹은 방향표시 등을 돌출시키거나 매달아 정보를 제공하는 사례가 많다.

사면형(斜面型)사인은 정보를 전달함에 있어서 사람의 시선을 고려한 것으로 읽기에 보다 용이하도록 경사면으로 처리하는 방식이다. 이 그림과 같이 사람들이 많이 운집하는 장소에서는 시설물을 기둥형으로 조합하여, 차지하는 공간을 최소화한 것이다.

안내지도와 같이 자세하게 설명과 도해가 필요한 경우 벽면을 만들어 정보를 제공하는 형식이다. 대중들에게 홍보차원에서 사용하는 방법 중의 하나이다.

사인을 활용하여 지역을 알게 한다는 개념은 바람직하다. 지역의 건축, 역사적 흔적, 특정한 장소, 소규모 상점 등 사인을 통하여 대중들에게 알리는 것은 아주 일반적인 일이다. 그러나 사인디자인으로써 지역을 표현하는 방법을 달리하여 보는 이로 하여금 감흥을 주고 정보를 제공하며 그리고 기억의 이미지를 제고한다면 디자인을 충분히 고려할 가치가 많다고 본다. 저비용으로도 사인표현을 가지고 지역의 활력과 매력을 줄뿐만 아니라 변화와 인식을 가져오게 하고, 또한 지역의 특징을 잘 드러내줄 수 있기 때문에 지역전반에 걸쳐 통합적으로 접근할 필요가 있다.

그 접근방법은 다음과 같다.

- 지역의 대표적인 특징과 이미지 만들기(자연생태, 인물, 특산물 등 여러 가지가 존재한다)
- 사인디자인에 요구되는 물리적 제 요소를 파악, 표현방법 선택, 그리고 통합적 디자인 실시
- 사인의 질적 향상추구

수공예에 의한 방법(Representation of Arts and Crafts)

문래동 철공소 골목길과 지역문화표현, Seoul

영세한 철공소들이 군집하여 커뮤니티를 형성하였던 도시마을에 가난한 젊은 미술가들이 들어와 거주하면서 벽화 등에 지역을 담은 그림을 그려 넣기 시작하였다. 그들은 벽화나 설치미술기법으로 하이브리드(Hybrid) 커뮤니티의 컬러를 만들어내었다. 어느덧 하나하나의 미술품들이 모아져 지역의 문화적 특징으로 나타나기 시작하였는데, 최근 문래동은 '서울아트가이드'에 소개될 정도로 사랑받는 문화의 거리가 되었다. '미술대회'개최 등 산업과 문화적 장소로써 지역주민과 젊은 아티스트들이 만들어내는 새로운 개념의 도시문화마을이다. 골목길 곳곳에 수공예미술작품을 생활현장에서 찾아 볼 수 있다. 실제적인 주민들의 삶을 느끼며, 일상의 소재가 미술이 되는 주민참여형 도시문화마을 만들기로 알려지고 있다.

컴퓨터그래픽에 의한 방법(Representation of Computer Graphics)

디지털 전광판과 컴퓨터그래픽 돌출간판, Bundang

우리나라 상업지역에서 가장 흔히 볼 수 있는 디지털 전광판과 컴퓨터그래픽 간판들이다. 이러한 패턴은 전국어디나 동일하여 상업공간은 마치 카피(Copy)된 사인처럼 느낌을 받게 된다. 아마도 저렴한 가격으로 보다 쉽게 교체가 가능하고 멀리서 눈에 잘 띄게 하는 기능 등 상업논리에서 비롯되었지 않았나 생각해본다. 상업공간의 디지털 문화적 표현의 단편이다.

랜드스케이프 디자인에 의한 방법(Representation of Landscape Design)

오다이바 해상공원(お台場 海浜公園), Tokyo

동경의 자연친화적 해상공원인 오다이바 공원은 자연의 것들(통나무, 모래, 돌 등)을 있는 그대로 원래의 자리에 놓는 수법으로 도시민들에게 본래적 풍부한 자연미를 느끼게 한다. 한편 멀리서 보이는 동경의 야경관은 첨단의 도시 분위기를 연출하듯 양면성을 교감하게 한다. 도심 속에서도 자연을 느낄 수 있도록 하는 메트로 동경의 랜드스케이프 경관디자인을 읽을 수 있는 곳이다.

사진(그림)에 의한 방법(Representation of Photography)

대형사진의 교통간판, Otaru, Hokkaido

오타루시의 운하와 역사적 건조물을 대형사진으로 담아 교통간판으로 활용하고 있다. 문자가 없는 사진(그림)만으로도 지역의 장소와 의미를 전달할 수 있다.

역사적 사인

Graceland Church, 1958 머릿돌, Powhatan County

1888년 창립, 화재로 인해 1958년, 재축, 머릿돌에 재축년도를 새겨 넣어 교회역사의 흐름을 기념하고 있다.

Mt. Hermon Church, 1835～, Western Chesterfield County

1835년 창립, 교회부흥으로 인해 2003년, 구 교회 앞 부지를 매입, 현재 교회를 건축하였다. 구 교회의 정면벽부에 방패모양의 전통적인 간판형태를 부착하여 교회역사의 흐름을 기념하고 있다.

역사적 사인, James Fort(Birth Place), 1607~, Jamestown

1607년, 영국의 콜로니스트들이 처음으로 신대륙에 내딛은 땅. 제임스강변의 제임스포트이다. 십자가와 상징목으로 유구한 역사의 흔적을 말해주고 있다. 현재, 비지터센터와 포트내 박물관을 건립하여 역사 문화적 사실들을 증거하고 있지만 고고학적 발굴과 현장학습을 병행하여 역사의식을 고취시키고 있다.

역사적 사인, Winfree Mermorial Baptist Church, 1852~, Richmond

역사적 건조물에 대한 입간판을 세워 보행자가 쉽게 인식하게 된다. 시가 활용하고 있는 전형적인 역사문화간판형식 중의 하나이다.

한국적 사인, 화성(華城), Suwon, Korea

1794년에 착공한 화성은 실학자 다산 정약용(丁若鏞)이 창안한 축성술로 성축한 것이다. 당시 고도의 기술적인 축성법으로 알려지고 있다. 현대도시와 함께 살아 숨 쉬고 있으며, 시민의 역사문화, 교육, 관광, 일상의 생활공간으로 공존하고 있음을 역사적 간판형식을 빌어 해설하고 있다.

캠퍼스형 사인

Sign Pattern of Campus

Crestwood West Campus, Charter Colony Parkway, Midlothian

교회가 확보한 부지가 넓어, 마치 마을입구처럼 캠퍼스의 안내가 필요할 때 일반적으로 안내형식이 요구된다. 교회명과 위치(1200)를 안내하는 고정식 간판을 사용하였다. 크레스트우드 웨스트 캠퍼스는 전통적인 캠퍼스간판 형태를 종교건축의 꽃이었던 Gothic형식처럼 중앙부를 박공입면형으로 만들어 교회의 이미지를 얻을 수 있도록 형태디자인 하였다.

Crabtree Falls Campground, Virginia

산악 캠핑장소의 안내표시판이다. 원목판을 수공예로 조각하고, 예술성을 가미하여 제작하였다. 글씨 및 문양이 조화를 이루고 있고, 수공예로 제작하여 예술성을 담았다. 전체적으로 캠퍼스 사인의 재질과 수공예와 형태를 통해 방문자에게 친근감과 심미성을 제공하고 있다.

나카시베츠 야마구찌(山口)牧場, Japan

개인의 목장이 캠퍼스처럼 전원공간 속에 넓게 펼쳐져 있다. 전형적인 캠퍼스형안내판이 요구되었다. 나무원기둥과 송판으로 구성한 입간판과 글씨, 그리고 지역명인 나카시베츠(なかしべつ)와 제 요소를 모두 간결하게 표현하고 있다. 개인상호라 볼 수 있는 로그가 산모양인 것은 목장의 이름으로부터 이지화한 것이다. 캠퍼스간판 하부에 화단을 조성하고, 조형물을 설치하므로 더욱 친근감을 느끼게 한다.

강릉해살이마을, Gangwon

지역에서 얻은 목재를 가지고 자연스럽게 마치 나무처럼 구조적으로 만들었다. 서체와 사인보드와 코스모스 꽃잎문양의 장식들이 상호 조화를 이룬다.

시설(공간)안내(施設案內)

Signs for Facilities

공간이 갖고 있는 특징과 그 의미를 어떻게 표현하고, 전달하느냐는 거주자나 방문자 모두에게 매주 중요한 문제가 된다. 공간의 계획과 표현이 잘되었다면 그 만큼 전달력과 호소력이 크기 때문에 지역에 대한 애착과 정서적 공감을 줄 수 있다. 공간을 어떻게 디자인하느냐에 따라 다음과 같은 전달적 의미를 갖게 된다.

- 1차적 전달로써의 의미: 장소성, 공간이 갖는 역사 문화적 장소로써의 교육 및 홍보, 인식 등 전달
  자체의 가치를 담고자 하는 경우
- 2차적 전달로써의 의미: 커뮤니티의 쾌적성과 분위기, 지역의 고유한 특성 및 유대감, 친근감과 심
  미성 등의 정서적 의미를 담고자 하는 경우

역사와 문화적 공간안내, Yorktown
지역주민이나 방문자에게 미국의 역사 속에서 차(Tea)문화에 대
한 역사를 전달하기 위한 교육적 장소로 의미를 갖는다. 파빌리
온 형식의 공간구성과 옥외전시공간으로 편안함과 심미성까지
더하고 있다고 볼 수 있다.

Parcourse FitCenter, Warshington
지역주민들을 위해 코스를 돌아가며 운동하는 포켓공간이다. 도
시민들이 산책하거나 가볍게 들러서 체력을 증진하는 공간으로
스트레치요령까지 안내하고 있다. 시설안내와 정보전달로 건강
한 커뮤니티의 촉진을 도모하고 있다.

지역의 경계표시(地域의 境界表示)
Border Signs of Region

대부분의 도시와 마을들은 경계 초입부에 권역을 알리는 표지판이나 석비, 글자안내판 등 다종다양한
특징적 입간판을 세워두고 있다. 커뮤니티의 시작연도를 표기하거나, 지역의 대표적인 특산품 및 자
연적 모뉴먼트를 장식하여 복합적으로 표현하기도 한다. 이와 같이 방문자에게 도시(지역)의 첫인상을
심어주는 경계표시판의 디자인은 매우 중요하다. 지역마다 특색을 담아내어 표현하는 것도 필요하나
개성만을 강조하면 지역 전체경관에 일관성이 없어 오히려 식상함을 초래할 수 있다. 마을마다 지역
의 특징적인 경계표시패턴을 대표적으로 살펴보면 다음과 같다.

도 경계표시 Utah State경계, Utah

고속도로 상의 주 경계표시로 운전자가 쉽게 인식하고 지역의 특징을 파악하게 하기 위해 아치스(Arches) 국립공원의 사암으로 된 자연석 아치를 삽입하였다. 경계표시판에 그려진 델리케이트 아치(Delicate Arch)는 자동차 번호판에도 사용하여 지역의 특징을 나타내주는 대표적인 언어로 사용하고 있다. 자동차번호판은 2가지로 스키그림을 삽입한 것도 있다.

시 경계표시 평택시와 천안시경계, Gyeonggi-do

우리나라의 대표적인 시도경계표시는 기둥간판이다. 세계 속의 경기도(Global Inspiration)와 시민모두가 행복한 평택시를 하나의 간판에 병행표기하고 있다. CI(Regional Identity)를 반영하고 있다. 문제는 보행자나 운전자가 이상적인 슬로건과 CI임에도 불구하고 메모되어지지 않는다는 것이다. 시도경계를 넘으면 바로 충청남도와 천안시의 기둥간판이 세워져 있고 시목(市木)인 버드나무를 보게 되므로 시의 천안시임을 쉽게 인식할 수 있다.

시(타운)의 경계표시 Jamestown과 National Park, U.S.A.

제임스타운(Jamestown)이라는 전통적 초기식민지 타운의 경계입간판이다. 미국의 전형적인 마을경계 표시형식 중의 하나이다. 뒷부분에 세워진 국립공원(National Park)표시판, 역시 미국 전역에서 사용되고 있는 전형적인 국립공원표시판이다. 이러한 지역의 경계표시는 도시와 타운에 따라 입간판형식이든지, 글씨판형식이든지, 혼합형식이든지 대부분 이들 세 가지 형식으로 사용되어지고 있다. 여기서는 제임스타운의 초기주거형식인 흙집(Mud & Stud)구조의 벽체 일부를 타운경계 표시판으로 응용하였음을 알 수 있다. 타운의 대표적인 상징이 초기주거임을 파악하고 고고학적 고증으로 부터 얻은 벽체를 적극적으로 활용한 사례이다.

마을의 경계 Sailview Dr. Virginia

도로에서 마을(주거단지)로 진입하는 입구를 마치 성문처럼 장식화 하여 차별화하고 있다. 고급 주택지임을 표현하고 있다.

다양한 크기와 색채의 벽 돌출간판, Tokyo

동경의 상업가로경관이다. 간판의 위치와 크기는 어느 정도 조절되었다. 원색이 많이 사용되어 화려한 도시 분위기를 느낄 수 있다. 간판은 눈에 잘 띄도록 디자인하였으나 이러한 양상이 동시다발적으로 야기되고 있어 오히려 식별에 혼란을 초래하고 있다.

다양한 크기와 색채의 간판들, Daejeon

형형색색의 간판들과 글씨의 크기 등은 어수선한 가로경관을 투영하지만 일상생활에서 흔히 볼 수 있는 활기찬 거리의 모습을 보여준다. 지하철입간판, 보행공간겸 자전거도로표시, 버스승강장 등 공공디자인 차원에서 재정비한 것을 보면 현재 실행하고 있는 시의 경관정책을 읽을 수 있을 수 있다. 그러나 기존의 벽부형간판의 크기, 글씨, 간판 색 등을 종합적으로 고려할 때 개선의 여지가 많다.

인사동거리의 벽 돌출간판, Seoul

역사문화의 거리에 문화와 상업 관련한 간판들이 벽부 혹은 돌출형식으로 부착되어 있다. 가로경관정비 시 간판을 정비하였으나 상업적 이윤추구를 앞세워 입간판이라든가 간판의 위치와 크기 등이 제각기 임의대로 디자인된 사례가 많아 개선의 여지를 담고 있다. 특히, 인사동 거리는 공공디자인의 인식이 가장 요구되는 장소중의 하나이다.

가로와 길(노선)안내표시(街路와 길(路線)案內表示)
Signs of Street and Bus

가로상의 길 혹은 버스노선안내표시는 시민과 방문자 모두에게 메시지와 방향을 제시한다는 점에서 중요한 역할을 한다. 특히, 커뮤니티를 방문하는 초행자나 노약자 및 장애우들을 위해서 가로의 안내는 자세히, 명확히 표시하는 것이 좋다. 안내표시를 디자인하기에 앞서 무엇을 상세하게 안내하고, 어떻게 전달할 지를 우선되어야 고려해야 한다. 쉽게 실별 가능하면서도 디자인적으로 심미감을 더해준다면 안정감과 함께 거리에 매력을 주며 기억하게 하는 이미지수단이 된다.

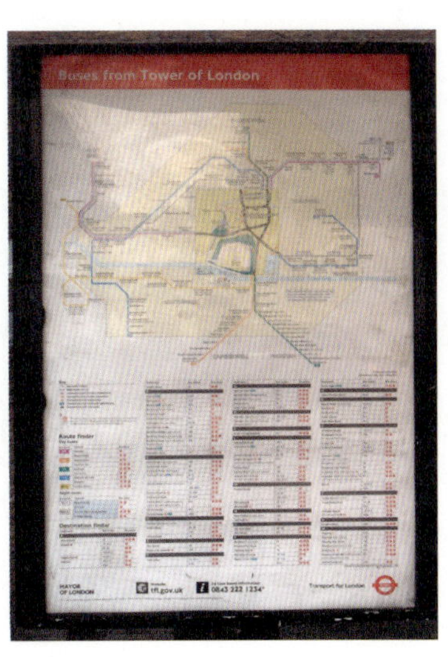

런던타워로부터의 버스노선안내판, London

각각의 버스노선을 색깔로 구분하고 있다. 각각의 목적지에 어떤 버스가 지나가는 지, 어디에서 정차하는 지 등을 자세하게 표기하고 있다. 이 버스노선 안내도를 이용하면 원하는 목적지까지 용이하게 찾아갈 수 있는 장점이 있다. 간결하면서도 복합적 기능을 감당한다.

역사적 건축물의 안내표시, Brussel

벨기에의 아르누보 건축의 선구자 빅터 호르타(Victor Horta,1861~1974)가 설계한 타셀교수 주택이다. 곡선형계단과 난간형태 등은 그 모티브가 자연의 선에서 유추하였다. 이 작품에 대한 설명을 강조하기 위해 입간판에 부착한 그림(계단부위)은 역사적 근대건축을 설명하는 방법으로 활용되고 있다.

카나기쵸(金城町)의 돌다다미 길, Japan

2002년, 일본의 가로100선에 선정되었다. 500년 역사의 돌다다미 길의 루트(Route), 포인트(그림), 기념석비를 삽입, 안내표시 판의 내용을 설명하고 있다. 입간판을 세워 자세히 역사적 사실들은 안내하고 있다.

건축물관광안내와 공간안내표시, Fukuoka

외부건축물안내간판을 통해서 내부시설과 층별 실내공간기능을 미리서 파악할 수 있게 해준다. 선행적으로 건축물의 공간을 학습하므로 상세하고도 쉽게 건축을 이해하게 된다.

차양(遮陽)

Awning

건축물에 있어서 차양은 마치 모자의 차양과 같이 주로 건물 파사드(Facade)의 입구부분에 캔틸레버 형식으로 달아 설치하여 비를 피한다거나 햇빛을 차단하게 하여 건물의 외부공간 기능과 환경을 보다 합리적으로 만들어내는 기능을 한다. 특히 가로공간에서의 차양은 단순히 기능적으로만이 아니라 감성적으로 작용하기 때문에 건물에서의 기능적 설치위치, 차양의 돌출범위와 형태, 그리고 가로경관에서의 규모 및 색채 등의 미적 표현들을 종합적으로 고려하여 설치하는 것이 바람직하다.

1) 차양디자인 요구와 보행자 도로의 관계[44]

- 채양은 거리경관 중에 색채와 그늘, 상점의 이미지 등을 규정하는 중요한 경관요소이다.
- 통 유리창은 보행자들에게 흥미를 유발하여 구매 욕구를 불러일으킨다. 수많은 출입요소는 거리에 생동감을 더해준다.
- 보행자, 보호수, 식재, 수형과 분수는 보행자에게 안락함과 안전성을 보장한다.
- 보행자도로를 넓게 확보하면 윈도우 쇼핑(Window Shopping), 보행자의 통행, 랜드스케이프 존(Landscape Zone)에 유리하므로 적용을 위해 적극적으로 요구한다.

이상의 차양설치사례와 기능 및 원칙들을 살펴보고, 건축물 및 가로변에 적합한 차양디자인의 가이드라인을 설정하면 다음과 같다.

2) 가로변의 건축물 차양설치 시 고려사항(가이드라인)

- 차양의 설치는 가로변 주변 건축물의 차양의 크기, 돌출범위, 형태와 컬러 등을 고려하는 것이 바람직하다.
- 차양의 설치는 물건의 가로 진열을 유도할 수 있으므로 보행자의 통행에 불편을 초래할 수도 있어 무엇보다 통행과 가로경관을 우선적으로 고려하여야 한다.
- 차양의 설치는 가로변 주변 건축물의 주민규약에 따라 일정한 규격과 패턴을 갖도록 유도하고, 양호한 가로경관을 창출해야 한다.

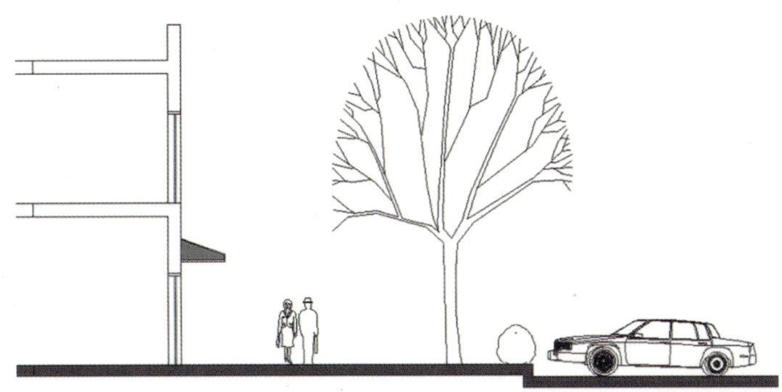

보행공간에 대한 부분 돌출형 차양

부분 돌출형 차양의 예시이다. 차양이 보행자의 통행을 방해하지 않아야 한다. 본래적 기능에 충실하며, 가로경관에 활력을 불어 넣으면 더욱 좋다.

L자형 차양은 이웃하고 있는 ―자형 차양과 내민 길이를 통일하고 있다. 차양색채는 고채도의 파랑색으로 건축물의 색채와 대비시키고 있으나 거리 분위기를 경쾌하게 조성하고 있다.

---

44   The Anaheim Colony, 『Vision, Principles and Design Guides』, 2003.

건축물의 차양은 사인보드 설치공간으로도 활용할 수 있다. 중요한 것은 차양의 본래적 기능, 내민 길이(여기서는 내민 발코니와 동일함), 그리고 미적 표현이 가로경관과 조화됨으로 아름다운 도시미관을 창출하고 있다. 차양하부공간을 간판걸이공간으로 활용하면 다기능의 차양공간을 만들어낼 수 있다.

보행로 전체를 건축물의 차양이 덮고 있다. 이는 지역의 기후와 풍토가 반영된 것으로 강렬한 태양의 일사 및 우기로 인한 비가림이 필요했기 때문이다. 차양은 가로 경관뿐만 아니라 기후조건에 대응하여 디자인하는 것이 중요하다.

차양의 유형과 형태적 의미(遮陽의 類型과 形態的 意味)
Awning Types and Meanings of the Form

고정식 차양(주택)

Colonial House, I—House,
Chesterfield and Powhatan County

2층형 I—House로 영국의 전통주택을 받아들인 컬러니얼 주택(Colonial House)이다. 주로, 동부연안과 남부지역에 많이 분포하고 있는 I—House의 특징은 정면 2실, 측면 1실규모로 박공형지붕과 차양을 갖는 형태이다. 차양은 1층의 홀과 개실의 보호 및 그늘형성과 휴게공간 확보 창원에서 유용하다. 현관부의 입면패턴과 굴뚝, 달아낸 후면부의 패턴과 박공지붕, 그리고 목판사이딩 등이 독특한 입면을 만들어내고 있다.

고정식 차양(공원)

Parc de la Villette, Follies, Paris

폴리를 지나는 보행가로상부에 차양을 설치하였다. 파형(波形)을 형성하면서 보행자들에게 동적인 움직임을 끊임없이 주고 있어 즐거움과 직선의 경직성을 상쇄하고 있다. 차양의 고유한 기능 위에 흐름에 대한 심미적 감정을 디자인으로 재미있게 표현하였다.

접이식 차양(카페)

카페의 차양색은 붉은 벽돌의 건축물컬러와 계통색을 사용하므로 조화를 이루고자 하였고, 흰색의 상호(The Coffee Bean)와 돌출원형간판 및 벽면부착간판을 강조하였다. 한편 카페 파라솔 역시 차양과 동일한 색채를 사용하므로 외부공간구성과 차양을 비롯한 벽면장식이 균형을 이루며, 전체적으로 조화를 이루고 있음을 발견하게 된다.

접이식 차양(마을)

마을의 좁은 골목계단에서 설치한 차양, Japan

오른쪽 기념품 가게의 차양끝선은 주택과 마을안길(계단)과의 경계선을 넘지 않고 있다. 물론 차양의 내민 범위 내에서만 상품을 진열하므로 주민이나 방문객에게 불쾌감을 주지 않고, 정비된 느낌을 받게 하고 있다. 이러한 차양의 설치는 마을주민들 상호협의에 의해서 결정하여 정비해가야 할 마을의 경관실천사례 중의 하나이다.

상업지역 고정식 차양

도시의 상점가로변에 설치된 소규모 상점의 차양, Richmond

1층 개구부에 모두 차양을 설치하였다. 코발트색채의 벽과는 달리 노랑색 차양을 달았다. 계통색이 아니어도 밝은 색계통의 차양은 경쾌함을 줄 수 있어 가로경관을 흥미롭게 만든다. 여기서 차양의 내민 길이와 차양의 형태와 규격을 통일시켜줌으로써 전체적인 조화를 이루어내게 한 것이다.

공공미술(公共美術)
Public Art: The Big Draws and Super Graphic

도시에서의 공공예술公共藝術은 현대에 들어와 보다 도시환경디자인의 개념으로 중요성을 갖게 되었다. 이는 1960년대 미국의 시민운동으로부터 일반화되기 시작하였는데 공공장소나 가로에 설치하는 미술품이라든가, 철교나 교각 등에도 적용하므로 도시환경을 개선하고 있다. 구체적으로 살펴보면 다음과 같다.

슈퍼 그래픽Super Graphic은 1920년대와 1930년대 미국과 멕시코에서 일어난 벽화그리기운동에서 비롯되어 1960년대 후반부터 건축 속의 미술Art in Architecture 또는 공공공간속의 미술Art in Public Place이라는 개념으로 확산된 일종의 도시환경예술都市環境藝術이다. 거리의 건조물벽면이나 넓은 담장전체에 그림을 그려 넣어 가로경관을 새롭게 개선하거나, 공간을 창조하는 방편으로 많이 사용되고 있다.

공원의 분수조형물이나, 건축물과 병치된 조각, 마을의 담장벽화, 그리고 최첨단의 디지털영상예술 등 공공미술의 종류는 다양하다 하겠다. 대부분의 환경작가들은 공공미술을 '생활공간, 그 가운데서도 공공공간에 놓이는 미술작품'이라고 정의하고 있다. [45]

따라서 공공미술은 우리의 생활권내 공공장소에서 설치되거나 그려지는 제 미술작품이 물리적 혹은 정서적으로 발현하는 도시환경예술이라 말할 수 있을 것이다.

공공장소에 따른 공공미술의 종류와 의미

도시공원의 공공미술, Chicago

스페인의 예술가겸 조각가인 호메 프렌자(Jaume Plensa)가 디자인한 시카고 밀레니엄 공원내의 크라운 샘(The Crown Fountain)이다. 시카고사람 1,000명의 얼굴을 벽면에 순차적으로 출현시켜 다양한 표정을 느끼게 하므로 다민족국가인 미국의 도시, 특히 시카고 시민들을 하나로 묶어주는 사회학적 개념을 담고 있다. 여름철에는 모델의 입속에서 분수가 뽑아져 나와 시민들이 그림을 눈으로 보기만 하는 것이 아니라 만져보고 몸으로 느껴 보게 한다. 예술가들의 협업으로 바람의 도시, 범죄가 많았던 시카고를 마천루의 낭만적, 하이테크 도시이미지로 만들어 가고 있는 시카고의 공공미술은 모범적 의미를 갖는다고 하겠다.

거리공간의 건축벽면 슈퍼그래픽, Richmond

가로변의 건축물로 보행자에게 벽면이 노출되어 있다. 인상주의적 화풍으로 반추상화로 장식하였다. 흑인의 밀집거주지역의 문화와 사회상을 의미론적으로 보여주고 있는 풍자적 그래픽으로 이해할 수 있다.

---

45   한영호 외1인, 『현대 도시환경 디자인』, 기문당, 2006, p.154

공공건축(公共建築)
Public Architecture: Chaos in Forms

카오스Chaos라는 말은 라틴어 아비시무스Abyssimus, 심연 또는 히브리어 테홈Tehom, 밀려오는 물과 같은 어원으로 게네시스Genesis 즉 우주생성, 이전의 혼돈된 상태를 의미한다. 주로 종교, 신화, 철학분야에서 사용되어왔다. '땅이 혼돈하고 공허하며~'The earth was formless and empty, Genesis 1:2라는 말씀에서 그 어원적 의미 사용을 발견한다. 즉, 카오스는 형태가 정해지기 전, 질서Orderliness의 반대로 이해할 수 있다.

　건축가의 작품 중에 이와 같이 질서를 파괴하듯 형태를 중력에 반작용하는 것으로 보고 부유하는 느낌을 받게 하거나, 형태를 왜곡시켜 비상식적 감정을 유발하게 하는 것은 단순히 건축의 한 장르의 설계수법만이 아니라 주변과의 관계 속에서 독특한 아이덴티티Identity를 만들어 낸다는 점에서 의미가 있다. 도시공간에서 위트와 흥미를 유발하기도 한다. 공간에 변화를 주어 새로운 창조의 세계를 만들어가는 것은 매우 힘든 작업이지만 보존과 개발이라는 공존의 가치를 존중하면서도 재창조의 질서를 추구해가는 것은 그렇게 어렵지만은 않다. 커뮤니티에 따라 전체적인 조화의 틀 속에서 수용 가능할 것이다.

건축적 카오스

MIT's Ray & Maria Stata Center, Boston

카오스 형태는 Frank Gehry의 작품스타일에서도 찾아볼 수 있다. 예기치 않은 유기적 형태, 파격하게 틀어진 축, 티타늄징크 등의 비일상적 재료사용은 기존 질서를 파괴하기 보다는 새로운 질서를 만들어가는 것, 즉 획일성을 자연스럽게 꼬집기도 하듯 재미있는 형태를 창출하고 있다. 빌바오 구겐하임(Guggenheim Museum in Bilbao) 박물관의 카오스 건축은 도시재생을 만들어냈다. 종종 카오스적 형태는 도시에 활력을 불어 넣는다.

조형적 카오스

Jay Pritzker Pavilion, Chicago

시카고(Chicago)의 명소로 자리 잡은 밀레니엄 공원에 위치한 야외공연장이다. 야외공연장은 마치 구겨진 종이와 같이 자유로운 형태로 펼쳐져 있다. 이 구조물의 뒤 배경은 고층마천루들이 명확한 축을 갖고 있는 것에 반해서 축이 애매하다. 혼돈의 세계와 같은 거대조형물이다. 조형적, 상징적 카오스는 전체 질서 속에서 미미하나 강조점이 될 수 있다. 도시공간에 신선함과 사유의 즐거움을 가져다준다. 조형적 카오스가 방문자의 흥미를 끄는 것은 주목할 만하다.

왜곡적 카오스

The Bean(Cloud Gate), Chicago

영국의 조각가 애니쉬 카푸어(Anish Kapoor)가 밀레니엄 파그 내 프랑크 게리의 무직 패빌리온 옆에 설치한 일명 '콩'이라는 공공미술작품이다. 스텐레스 스틸로 콩과 같이 타원형으로 조각하였다. 표면의 반사형상은 그림에서 보듯 볼록 휘어져 보이거나 과장되어 보이는 왜곡현상을 주기 때문에 시민들에게 더욱 즐거움을 더해주며, 이를 통한 소통의 공간으로 삼게 된다. 비쳐지는 자신의 모습이 마치 떠 있는 느낌을 주기 때문에도 만져보고, 체험해 보고, 실험해본다.

환경예술(環境藝術)
Environmental Art

환경예술은 일반적으로 생태학적 이슈Issues나 자연, 형태, 정책, 역사, 혹은 사회적 맥락을 다루는 예술로 언급될 수 있다.[46] 따라서 도시거리의 환경을 예술적 가치로 심미적 공간으로 조성하거나 공간의 질적 개선을 위해 공공미술Public Art, 환경조각Environment Sculpture, 랜드아트Land Art 등을 적용하는 것을 환경예술이라 말할 수 있다.

거리에 아치조형물을 설치하여 통과 시 위요감을 느끼게 하는 것은 도시 환경예술 기법 중의 하나로, 거리를 개선하거나 공간을 창조하는 수법으로 활용되는 사례가 많다. 아치조형물과 아치교를 만드는 것이다. 예를 들어 학교의 건물과 건물사이를 원통형 복도로 설계하여 아이들의 통과 시 흥미를 유발하게 한 사례[47]로 아치형 원통형 돔이 있다. 이는 학생들에게 가장 사랑받는 공간이라 한다. 학생들이 쉬는 시간이라든가 방과후 시간에 아크릴 돔형 복도를 달리게 되는데 스릴을 느끼고, 학교생활에도 재미를 느끼게 한다는 것이다. 아치라는 조형적 요소가 위요감뿐만이 아니라 생활에 활력을 불어넣는 조형적 효과를 가져 오게 한 것이다.

보행자가 식물로 위요된 아치 길을 걷는 것은 즐거운 일이다. 이처럼 환경을 만들 때 아치 조형요소를 도입하는 것은 구조적 개념의 로마의 수교를 비롯하여 근대의 철교나 타워, 그리고 현대 아치조형물에 이르기까지 장구한 역사적 생활공간 속에서 존재해왔다. 고전적 수법은 재료와 구법 상 공간의 제약을 받았으나 근대이후의 재료와 구조의 발달은 무한한 구축의 가능성을 갖고 있어 지역 및 거리의 환경 예술적 창조와 개선에 적절히 활용할 수 있다.

보행가로위 아치조형물

보행로 아치조형물, University of Toronto, Canada

캠퍼스를 가로지르는, 차 없는 보행로 중앙에 스틸아치 조형물을 설치하여 통행자로부터 조형미와 흥미를 유발케 하고 있다. 캠퍼스의 환경 예술적 장소성도 부여하고 있다.

교량가로 위 아치조형물

교량 위 아치조형물, Daejeon

아치조형물 설치이전의 모습은 하천을 콘크리트판으로 덮어 상가건물과 광장을 만들었었다. 현재, 하천을 복원하고 다리 위에 상징적 아치구조물을 설치하며, 수변환경을 정비하여 도시경관을 재창조하고 있다. 도심 공동화현상을 극복하고, 시민들이 다시 찾아오는 공간으로 만든 것이다. 명소가 된 것이다. 차량으로 통과해도 위요감의 즐거움을 느낄 수 있는데, 보행자에게는 더욱 그러하다.

---

46   wikipedia.org/wiki/Environmental_art
47   일본 나가노현에 있는 나미아이 나미아이학교(浪合學校)의 아크릴 돔 복도다리, 하시로우카(ハシロウカ)는 일상적인 복도에서의 정숙이 아니라 달려도 좋은 'Let's go running', 창조적 공간을 만들어 주고 있다.

도로 위 아치철교구조물

도로 위 아치철교, Roco산, Japan

지역의 교량은 대개 도로를 구조적으로 이어주는 장 스팬다리로써 교통의 흐름과 연결에 필요한 구조물이다. 흔히 기능적 교량을 많이 보게 되는데 구조미를 고려하지 않고 단지 기능으로써의 교량은 지역경관에 오히려 중압감을 줄 수 있다. 거대구조물이 자연을 해친다거나 커뮤니티 경관의 장애물로 서있는 사례가 많다는 것이다. 그러나 교량이라는 거대 구조물이 기능적이면서도 구조적 형태미를 갖게 된다면 도로와 지역경관을 새롭게 창출하는데 매우 유용하게 사용될 수 있다. 예를 들어 바다 위 교량, 강물 위 교량, 산과 들판의 교량 등을 랜드아트(Land Art)로써 시각을 갖고 디자인한다면 새로운 거대조형물이 될 것이다. 특히, 교량의 컬러사용은 경쾌한 심미성을 유발시킬 수 있다는 점을 감안하면 신중히 선택해야 한다.

환경예술(環境藝術—大衆的 이미지와 空間的 興味)
Pop Images and Spatial Interests in Environmental Art

쿠스 반 쿠오렌Koos van Keulen, 1940~은 네델란드의 대표적인 마술적 사실주의Magical Realism 화가이다. 그는 '부조화의 조화'로 현실 속에서 어딘가 정말 있을 수 있는 시선이라든가, 전통과 현대를 교차하게 하는 미묘한 신비감을 자아내게 하므로 '마술적 사실주의'를 표현해내고 있다. 우리가 살고 있는 거리에 대중적 이미지를 담은 대형조각이나 심지어 상업적 광고물이 거리를 기억하게 하고, 공간적으로 흥미를 더하게 한다는 사실을 이해할 필요가 있다.

특히, 상업지역의 거리나 건축물 위에 무언가를 연상하도록 조형물을 설치하므로 공간에 의미를 더하며, 매력적인 경우가 종종 있어 방문자에게 기억의 수단으로, 구매의 요구수단으로 활용되는 사례가 적지 않다. 따라서 대형조각상과 같은 조형적 설치물이 도시경관에서 어떤 영향을 준다는 것을 부인할 수 없다. 지역의 마스코트 역시 같은 맥락으로 커뮤니티의 이미지를 기억하게 하는 수단으로 이해할 수 있을 것이다.

대중적 이미지의 조형물설치

삐에로 상, Osaka

상업건물의 캐노피상부에 성조기 모자를 쓴 삐에로 상을 설치하였다. 행인들에게 기억과 흥미를 유발하게 하는 수단으로 대중적 이미지를 활용하였다. 은유와 상징을 배제하였던 근대건축과는 달리 대중적 감성을 도입하는 일종의 대중주의적 이미지를 활용한 사례로 상업적인 매력을 끌어내기 위한 수단으로 이해할 수 있다. 거리에 활력을 주는 것은 사실이다.

산타 크로스 상, New Orleans

메모리얼 브리지 상의 산타 크로스상으로 크리스마스 절기를 상징하고 있다. 누구나 알고 있는 산타 크로스는 대중적 이미지로 희망과 기대를 주는 도시의 분위기를 한층 고양시킨다고 볼 수 있다. 커뮤니티의 축제를 알리고자 하는 대중적 언어를 사용하고 있는 것이다. 운전자에게 흥미를 더하는 요소가 되고 있다.

상징적 조형물설치

한국인의 탐험 상, Bundang

북극, 고산 등의 탐험과 등정을 연상하게 하는 의류상가의 광고 수단으로 한국인 탐험가 상을 건물옥상에 설치하였다. 보행자와 운전자 모두에게 시선을 집중하게 한다. 의복에 대한 광고수단이지만 기억과 흥미의 오브제로도 작용하고 있다.

Rynek Glowny광장 조각상, Poland

유럽에서 베니스의 산 마르코 광장 다음으로 큰 광장이다. 이 광장에는 근대 폴란드의 조각 작품들이 전시되어있다. 시민들이 눕혀진 조각상에 들어갈 정도의 비상한 크기로 그림에 대한 감정과 호기심을 갖게 한다. 한편, 상징적 의미를 내포하고 있다.

지역적 마스코트와 마스코트의 이미지

시미즈cy(清水町)의 마스코트, Hokkaido

마스코트는 지역을 대표하는 이미지이다. 대중이 많이 사용하는 공공화장실, 거리, 조형물 등에 마스코트를 삽입 혹은 설치하여 기억과 흥미를 갖게 한다. 지역의 상징적 이미지이다.

도시의 기념물(都市의 記念物)
Monuments of Urban

도시가 스피드를 강조하고, 성장을 우선시 하다보면 커뮤니티가 갖고 있는 전통미와 고유한 문화, 그리고 기념물 등을 소홀히 취급할 수 있다. 커뮤니티의 상징적 요소 중의 하나는 기념물Monuments이다. 우리나라 서울 세종로의 세종대왕상, 미국 워싱턴디시의 워싱턴 모뉴멘트 등은 도시의 아이덴티티Identity of Community로써의 상징성Symbolism이 강하다. 이처럼 도시나 지역이 담고 있는 상징물만 보아도 어떠한 커뮤니티인지 그 특성을 파악하기 쉽다. 커뮤니티의 상징요소는 지역을 넘어 나라와 세계인에게까지 기억의 장소로 상징화되어 갈 수 있다. 인물, 건축물, 문화유산, 자연 등 해당 커뮤니티가 갖고 있는 기념비적, 상징적 요소들을 발굴하고, 보전하며, 기념한다는 것은 도시의 가치를 제고하는 가장 확실한 방법 중의 하나이다.

Fish Dance(restaurant), Kobe

고베개항 120주년을 기념하기 위하여 프랑크 게리(F. Gehry)가 설계한 기념비적 오브제이다. 항구 고베의 이미지를 강하게 부각시키고 있는 상징물이다.

Washington Monument, Washington DC

링컨기념관, 백악관, 국회의사당, 제퍼슨기념관을 '十'자로 이어보면 그 중심점에 워싱턴 기념탑이 위치하고 있다. 이는 건국의 기초를 의미하는 동시에 도시의 상징이며, 국가의 상징이기도 하다.

Grand Arch, La Defense, Paris

파리는 문화예술 도시로 르네상스를 포함한 근대이전의 예술을 담은 루브르 박물관, 근대예술을 전시하는 올세이미술관, 그리고 현대미술관인 뽕삐두 센터를 갖고 있다. 한편, 근대 프랑스 대혁명의 상징물로 에뚜알 개선문과 현대 문화적 상징물로 라 데빵스 그랑아슈(Grand Arch, La Defense)를 갖고 있다. 105m 정육면체 아치는 현대 프랑스 문화를 상징하는 문화적 기념물이다.

Pyramid, Egypt

기제(Giza)의 피라미드는 이집트를 넘어 인류문명의 상징으로도 인식하게 된다.

거리의 조형물(距離의 造形物)

Arts in the street

뉴욕커Newyorker는 첫째, 뉴욕에서 태어난 자와 둘째, 뉴욕에 와서 살고 싶어 하는 자를 일컬어 부르는데, 누가 더 뉴욕을 사랑하느냐고 묻는다면, 측정하기가 어렵다. 이처럼 어떤 도시에 살거나 오가기를 원하는 사람이 많다면, 도시가 갖는 문화적 혹은 장소적 기억과 그 매력적 요소가 많다는 것을 의미한다.

도시의 문화와 생활정도는 일상적인 거리를 보면 알 수 있다. 거리의 조형물은 상징적 의미와 기억의 공간적 의미를 담기 때문에 간혹 재방문자를 만들어낸다. 해당 도시에 꼭 거주하지 않는다 하여도 방문하고 싶어 하는 도시를 만들어낼 수 있다. 즉, 조그만 거리의 문화가 모아지면 도시의 독특한 문화적 특성을 창출하므로 거리의 조형물과 그 상징성은 매우 중요한 의미를 갖는다.

신촌역 지하철역 앞 대형거울, Seoul

지하철입구 포켓광장에 설치된 빨강 원색의 거울조형물은 지나가는 사람들의 움직임을 그대로 비쳐주기 때문에 호기심을 불러일으키며, 거리에 활력을 더해주고 있다. 이와 같이 조형물의 설치는 거리에 강한 인상을 담아주고, 체험해보고자 하는 욕구를 증가시키며, 경우에 따라서 상징적 요소로, 또는 기억의 장소로 이용될 수 있다.

설치미술, 서울시립미술관 앞마당, Seoul

미술관 앞에 대형 나뭇잎 형상의 설치미술품은 거리의 문화적 장소성을 부여하고 있다. 작가의 작품성은 물론 공간적 기억과 거리의 이미지 및 방문객에게 흥미를 유발하는 장소를 제공하게 된다.

Art Triangle Roppongi, Tokyo

롯본기의 모리미술관 앞 타란튤라 거미상(Tarantula Spider), 이 모리미술관은 산토리 미술관과 국립신미술관과 함께 삼각축을 이루며 우에노에 이어 동경의 새로운 문화거리를 만들어 내고 있다.

Klementium, Praha

독서하는 어린이 상은 책과 도서관을 상징하는 구상적 이미지로 프라하 크레멘티움을 이미지화하고 있다. 거리의 의미를 어떻게 표현할 수 있을까?

크리스마스 트리, 서울시청 앞 광장, Seoul

매년 크리스마스 시즌에는 서울시청 앞 광장에 대형 트리를 설치한다. 추운 계절이지만 아기 예수의 탄생을 축하하는 트리로 종교인은 물론 일반인들에게도 시즌의 축제적 분위기를 느끼게 한다. 한편, 야간의 도시경관 포인트로 시민들에게 환희와 즐거움을 제공하는 분위기를 연출한다.

지역의 대학본관 위 'A'字, USU, Utah

'A'는 대학본관타워에 장식하여 Agriculture(농업), A(첫째)라는 의미로 쓰이는데 랜드마크로 위치하면서 지역의 대표적 문자로써 그 특성을 상징이기도 한다.

Trojan Horse, Turkey

호메로스의 일리아드 오딧세이의 서사시로 천년이 넘게 입으로 구전되어 오던 전설을 19C후반 하인리히 슐리만(Heinrich Schliemann)이 그리스 부인과 함께 현재의 터키의 북동쪽 헬레스폰토스 해협의 히사를리크(Hisarlik) 구릉에서 이 유적지를 발굴하면서 역사적 사실로 증명하였다. 주거층 론(Stratigraphy)의 고고학적 방법에도 기여한 그의 발굴로 그 시대의 유물과 주거에 대해서 이해할 수 있게 되었다. 이 목마상은 재현한 것으로 드로아지역의 상징적 요소로 역사적 스토리를 증언해주고 있다는 점에서 세계적 역사기행의 장소를 제공케 함에도 의미가 있다.

문과 조형물

평화의 문과 요트조형물, Seoul

88올림픽을 기념하고, 평화를 염원하는 상징적인 문. 참가국의 국기와 경기를 안내하는 조형물이 거리와 장소의 의미를 갖게 한다.

기념과 조형물

제주의 상징인 해녀와 구소련 고르바초프 영부인(라이사 여사)와 대화장면의 조형화, 제주 사계리, Jeju

(우측, 조형물의 단서를 제공한 사진)페레스트로이카(Perestroika, 개혁)와 글라스노스트(개방)로 러시아의 운명을 바꾼 고르바초프의 방문기념과 제주라는 지역을 대표하는 해녀상이 국제관계와 현대역사성을 상징하고 있다. 해녀라는 가장 제주의 지역적인 요소가 상징화되어 있다.

Walking to the Sky, Pittsburg
조나단 보로프스키(Jonathan Borofsky)가 디자인한 조형물로 카네기멜론대학 교정에 설치되어 있다. 75각도로 세워진 설치 작품은 철강 봉 위를 7명이 하늘을 향해 걷는 조형물로 미지의 세계를 다 함께 걸어가는 의미를 상징하고 있다. 시민들은 철강으로 유명한 도시이미지를 이 작품을 통해 충분히 느끼며 자부심을 갖는다. 설치 조형물이 커뮤니티의 특징을 담아낼 때 작품의 가치뿐만 아니라 지역민들에게 의미를 부여한다.

거리의 화분(距離의 花盆)
Flowerpots in the Street

주민들이 거리를 보행할 때 가로변 화단이나 보행로의 화분, 또는 가로등에 걸려 있는 펜던트 화분들을 종종 보게 되는데, 이는 거리가 시민들에게 정서적 볼거리를 제공할 뿐만 아니라 거리를 감성적 공간으로 풍성하게 만든다. 삭막한 도시공간속에 정서적인 낭만으로서의 자연을 공급하므로 인간과 자연과의 소통을 가능하게 하며, 커뮤니티에 대한 애착심과 사랑을 느끼게 해줄 수 있어 사회적 안정감을 가져올 수 있다.

거리공간에 꽃을 담는 방식에는 화분과 화단, 그리고 꽃길조성 등이 있다. 화분은 점Spot이나 이를 연속적으로 연결하면 꽃길Line을 만들어내고, 화단과 더해지면 거리 전체적으로 꽃길을 조성하게 된다. 이처럼 화분은 거리의 '정서적 공간만들기'에 있어서 중요한 요소가 되는 것이다.

화분의 설치방법은 다음과 같다.

1) 거리의 화분 설치방법

- 화분을 거리상에 배치하는 방법
- 화분을 가로등에 거치하는 방법
- 화분을 구조물에 설치하는 방법
- 화분을 거리에 면한 건축물에 거치하는 방법

한편, 꽃길을 조성하는데 있어서 주의해야 할 점이 있다. 예를 들면 전원지역 '꽃길가꾸기'의 경우 주민들을 위하기보다는 운전자나 방문객을 위한 경우가 많아 꽃길조성으로 인한 갓길(보행로)이 생략되는 사례를 찾아볼 수 있다. 이는 사고의 원인이 되어 '사고다발지역'이라는 경고 구간안내 입간판을 세워야 하는 결과를 가져온다. 즉, 거리경관 혹은 지역경관을 특성이 있게 조성하는 것도 중요하지만 커뮤니티의 거주자 안전보행이 우선시 되어야 한다. 보행로가 없는 화단조성이나 화분설치가 통행의 안전성을 헤친다면 바람직하지 못하다.

2) 거리화분의 설치방법

거리상에 배치

토우베츠 전원지역, Japan
도로 갓길에 화분(화단)을 설치하였다. 화분을 도열해 놓음으로 거리에 정서적인 분위기가 살아나고 있다. 문제는 주민이 도보로 걸을 때나 자전거로 이동시 차량으로부터 위험에 노출되는 것이다. 무엇보다 안전이 고려되어야 한다.

가로등에 거치

구조물에 설치

건축물에 거치

건축물의 벽면거치 장식화분, U.S.A.

하나의 단위화분을 건물창틀에 거치하였다. 이처럼 건축물의 벽면 혹은 가로수의 일정높이에 거치하면 공중화단의 형상을 만들어낸다. 도시의 거리를 차량, 건물 등이 채우고 있는 삭막함을 정서적 풍경으로 바꾸어 놓기에 다소의 효과를 줄 수 있다. 거리에 낭만적인 감정을 불러일으키게 하는 좋은 방법 중의 하나이다.

3) 화단조성방법

가로변에 조성

보행공간화단, Japan(좌), Manassas시, U.S.A.(우)

보행공간의 화단은 자동차운전자에게도 타운의 이미지를 강하게 심어줄 수 있는 도시의 정서적 기능을 갖게 한다.

해안가에 조성

해안가로변 자연석화단, Jeju

해풍과 해수의 범람으로 꽃과 나무의 식재가 어려운 지역의 상황에서는 화단대신 지역의 자연재료나 조각, 슈퍼그래픽과 같은 언어를 사용하여 화단의 기능을 만들어낼 수 있다. 우측의 그림은 제주의 해안가이다. 화단을 조성하기에 열악한 환경을 글씨, 기하학적 도형, 열대어장식, 바다조류조각, 제주석 화단, 방부목보행로, 자전거도로, 볼라드 등으로 산책로와 해안경관을 재창출하고 있다.

버스 승강대(버스 昇降臺)
Bus Stop

일반적인 버스승강대의 설치방향은 도로를 향하여 열려 있다. 이와 반대로 보행로와 상점(건축물)방향으로 열어 사람과 사람의 소통을 가능하게 하고, 대중의 안전성을 고려하는 의도로 버스승강대 설치방향을 역방향으로 향하게 하는 것이다. 승강대의 디자인은 눈과 비와 햇볕을 가릴 수 있어야 하고, 추운지역에서는 방풍을 고려하면서 버스도착순간을 포착할 수 있어야 한다. 따라서 승강대의 역방향 설치시 전면유리의 사용이 요구된다. 승강대벽이 도로에 면하므로 발생할 수 있는 시야의 가림을 해결할 수 있어야 한다. 버스 승객의 시선은 전후 사방을 주시할 수 있도록 하며, 부스내의 장의자, 노선맵, 기타 홍보물과 광고물 등을 적절히 설치하면 보다 효과적인 부스활용이 가능하다. 버스승강대는 간단한 거리가구이지만 버스보다 사람을 먼저 생각한다는 발상의 전환으로 거리뿐만 아니라 인간관계와 지역정보교류의 장으로 디자인하면 더욱 가치가 있다.

역방향 버스승강대, Minami 1 JoNishi 1 Chome, Japan

철(Steel), 유리(Glass)만 가지고 간결하게 디자인하였다. 공간 내에 벤치, 홍보물 등도 단순하게 배치하였다. 무엇보다 승강대를 역방향으로 설치하여 승객의 안전을 우선적으로 고려하였고, 벽면을 전면유리로 처리하여 투시성을 강조하였다. 홍보물의 부착과 사인보드형식 역시 절제된 이미지로 깨끗한 도시 이미지에 부합하고 있다.

아사히바시(旭橋バス停), Okinawa

버스노선과 전철역을 연계하는 버스승강대이다. 전철(모노레일)역과 버스정류소가 연계된 대중교통체계를 볼 수 있다. 일반적인 대중 교통수단으로 버스나 택시의 승강장과 전철을 연계시켜 도시전체를 네트워크화 한다면 대중교통의 흐름을 더욱 원활하게 할 수 있고, 이용에 편리성을 더 할 수 있다. 여기에 자전거도로까지 계획하여 자전거 보관소를 설치하면 교통난을 해소하는데도 도움이 될 것이다. 간단한 버스승강대는 비와 햇빛만 가리도록 설계되어 있다. 지역성을 반영하였다.

신촌센브란스병원 앞 버스정류장, Seoul

아일랜드형 승강대이다. 교통 혼잡지역에서 주로 버스중앙차로제를 실시한다. 대중교통의 흐름상 우선 통행을 유도하기 위한 버스중앙차로제는 속도의 개선에 효과가 있고, 도시미관에도 영향을 준다. 그러나 승객들이 도로의 중앙에 위치하므로 자동차의 매연과 녹지공간 결여 등 환경적인 문제를 담고 있다. 한편 상점과 보행로와 승강장, 그리고 승객이 만들어왔던 소통의 공간이 단절된다는 점은 해결해야 할 문제이다.

랜덤색채와 컬러패널
Random and Color Panel

이탈리아의 화가이자 음악가였던 로마노 무솔리니Romano Mussolini는 아트 노이즈Art Noise, 즉 세상의 어떤 소리도 음악이 될 수 있다고 주장하여 논란을 일으켰지만 음악의 새로운 장을 열었다. 패턴화 되어 있던 당시의 음악계에 충격과 호기심의 대상으로 새로운 세계를 열어 준 셈이다. 건축에 있어서도 마찬가지로 건물외벽에 다채롭게 색채로 장식한다는 것은 미관을 해칠 것으로 보았으나 랜덤 색채로 된 페인팅이 예술로 변할 수 있다는 가능성을 갖게 만들었다. 이로써 보행자에게 시각적으로 감정을 느끼게 하고 호감을 갖게 한다면 일반적인 벽면도색은 재고해볼 가치가 있다. 의미가 없는 채색이 아니라 연출로써 색채를 계획하면 평범하고 무감각하게 보이는 건축물이나 거리풍경도 메시지를 가질 수 있다. 랜덤한 색채의 연출은 시각적 효과뿐만 아니라 도시공간에 풍성함과 감정을 갖게 한다.

색채패널

연립주택의 다채색 패널, Washington D.C
주로 도시 저소득층이 거주하는 연립주택의 외벽에 획일화된 톤이 아니라 다채색으로 페인팅하였다. 마치 컬러패널을 부착한 느낌을 받게 한다. 이처럼 랜덤한 색채의 연속적 페인팅은 벽면에 감정을 담을 수 있고, 암울한 지역의 환경을 개선할 수 있다.

컬러박스

WoZoCo Apartments for Elderly People, Amsterdam
MVRDV의 암스텔담 노인주거시설이다. 캔틸레버로 길고 짧게 베란다와 심지어 가구를 빼내어 공중에 부유하는 느낌을 주고 있다. 기다랗게 내민 컬러 박스는 거주자와 보행자 모두에게 시각적으로 강한 인상을 준다. 노인주거이지만 활력과 구조형태미를 발견할 수 있다. 이처럼 내부공간 못지 않게 외부로 드러나는 부위의 처리도 중요하게 인식된다.

컬러유리

Media Center, Hilversum
네덜란드의 노이틀링과 라이다이크(Neutelings & Riedijk)가 설계한 미디어센터이다. 컬러유리로 벽면을 마감하였다. 외관의 화려한 색채는 컬러유리로 비롯되는데 각각 일련번호가 적혀져 있어 교체가 가능하다. 건물전체가 컬러유리이다. 컬러의 동적인 의미상의 성질을 재발견하게 된다.

1) 컬러에 의한 환경개선

일반적인 환경시설물들의 장식배제는 무미건조한 감정 때문에 경우에 따라 혐오스러운 시설로 치부되는 경향이 적지 않았다. 장식이 현대 커뮤니티 환경에 있어서 반드시 사용할만한 적당한 어휘는 아니지만 건축물이나 환경시설물의 디자인 시 환경개선을 위해 적절히 활용할 때 새로운 이미지로 재탄생할 수 있다는 점을 감안하면 환경개선의 의미로 권장할 만하다.

쓰레기소각장이나 굴뚝, 그리고 시멘트 사일로와 같이 오염물질을 발생하는 구조물을 대상으로 넓거나 높은 시설의 벽면에 자연적 요소 및 흥미로운 그림을 그려 넣어 시각적 위트를 제공하므로 시설의 본래적 기능이미지를 개선하는 발상은 장려해도 좋을 것이다. 경관개선의 효과를 의도하는 방법이다. 그러나 장식이 너무 지나치면 환경개선의 이미지의미보다는 오히려 불쾌감을 초래할 수 있기 때문에 주의해야 한다.

쓰레기소각장의 환경색채

마이시마(舞洲)공장 쓰레기소각장, Osaka

이 건물은 쓰레기 소각장이라기는 보다는 어린이놀이시설 또는 환경조형물과 같은 느낌을 받게 한다. 건물외피의 장식이 주는 신선함 때문이다. 오사카 항의 혐오시설이 아니라 명물과 같은 경관인상을 준다.

컨테이너박스의 환경색채

컨테이너박스 임시창고, Daejeon

가로변에 임시로 설치한 컨테이너창고이다. 회색철판위에 컬러 패널형식으로 채색하였다. 거리의 분위기가 무채색의 회색에서 컬러 있는 풍경으로 변화했다. 보행자에게 컨테이너라는 느낌보다 컬러보드의 분위기를 준다.

레미콘사일로의 환경색채

레미콘공장의 환경색채, Chonan

건축자재생산공장으로 콘크리트를 생산하는 레미콘공장이다. 주변의 건축현장에 실시간으로 콘크리트를 공급해야 하기 때문에 건설공기동안 끊임없이 가동해야 한다. 이것은 환경의 오염을 낳을 수 있기에 공장에서는 '친환경품질경영'을 슬로건으로 내걸고 있고, 사일로에 흥미로운 페인트로 장식하므로 사측의 의지를 환경예술로 표현하고 있다. 혐오시설의 이미지를 벗어나 환경을 고려하는 개선의지를 읽을 수 있다.

축산사일로의 자연색채

벽화(壁畫)
Wall Painting

Edo River, Tokyo

도쿄 에도강 걷기대회로 근대 동경의 치수기술과 현재 수문화경관을 홍보하고 있다. 동경만으로 흐르는 에도강의 수문에 물고기가 살아 숨쉰다는 의미를 전달하기 위해 벽화를 그려 넣었다. 콘크리트빌딩의 삭막한 도시공간속에서 신선하고 신비로운 자연의 생동감을 전한다.

치즈마을, 임실, Jeonbuk

깨끗한 자연환경에서 자라는 젖소의 우유를 기본 원료로 마을주민이 조합을 구성하여 1차 생산 ⇨ 2차 가공 ⇨ 3차 판매 구조로 고소득을 만들어내고 있다. 농외소득의 하나의 모형이다. 마을의 속득원에 대한 효과적 홍보수단의 하나로 치즈가공공장벽면에 목장의 분위기를 그려 넣었다. 칼리그래피(Caligraphy) 치즈마을은 치즈상표로도 활용되어 일관성이 있게 각 필요부분마다 적용되고 있다. 마을경관의 홍보뿐만 아니라 경관의 구성요소로써 포인트가 되고 있다.

민속화, 부래미마을, 이천, Gyeonggi

정부지원으로 지어진 유통창고이다. 조립식패널조의 넓은 창고벽면에 익살스런 농부의 모습을 그려 넣어 농사기반의 마을이미지를 표현하고 있다. 주민참여로 진행되었다. 마을의 인적 자원을 활용하여 그려내었기 때문에 더욱 의의가 있다하겠다.

수채화, 와세다대학 공사용 펜스, Tokyo

공사현장에서 발생할 수 있는 소음이나 분진 등의 환경을 예술적인 그림펜스를 설치하여 상쇄시키고 있다. 발상의 전환이다.

슈퍼 그래픽, 연세대 앞, Seoul

콘크리트벽면에 구성작품을 그려 넣어 운전자에게 회색빛 가로경관을 색채감이 들게 하였다.

울타리
Fence

대체로 서양은 대지경계를 구분하고 영역을 표시하기 위해 펜스Fence를 칠 때 나무 널이나 경계석 또는 생 울타리 등을 사용하는 사례가 많지만 아예 아무런 경계표시 없이 잔디만으로 혹은 포장 패턴의 차이만으로 경계를 구분하기도 한다. 반면에 담장문화의 전통을 가진 동양의 담은 토담, 석담, 생울타리 등 그 종류도 다양하고 대부분 사람의 키 높이 이상으로 높게 쳐서 외부로부터 내부를 보호하는 개념으로 공적과 사적의 경계표시로 삼았다. 경계구분방식만 보아도 동서양의 문화차이를 이해할 수 있는데, 현재 우리나라에서는 도시주택가의 주차란을 해소하고 원활한 소통을 위해 담잠을 헐고 골목길과 앞마당을 이용하여 주차장을 확보하는 사례가 많다. 이것은 담장문화의 변화를 필요로 하는 커뮤니티의 고민으로 이해할 수 있다. 사적 경계를 개방하여 커뮤니티의 공유공간을 만들어가는 생활의 지혜 중의 하나이다.

지금까지 경계의 구분의미로 사용되어져 왔던 펜스(담)와 경관구조에 대해 북미의 동부지역을 중심으로, 역사적으로 본 그 종류와 형태를 살펴보면 다음과 같다.

전통적 목구조펜스와 결구법

1610년경의 목책, James Fort

초기 영국 사람들이 제임스포트에 정착할 때 외부로부터의 안전을 확보하기 위해 사람의 키보다 훨씬 높게 쳐서 마을을 보호하였다. 식민지마을에 외부로부터의 침입을 효율적으로 막아내는 구조였다. 통나무를 그대로 사용하거나 나무를 몇 개로 쪼개어 나무 쐐기못으로 결구하였다. 모든 재료는 지역의 자연 재료였기 때문에 마을과 주택과 생활 모든 것은 유기적 순환구조를 가졌다.

나무 쐐기 못과 부재의 결구방식

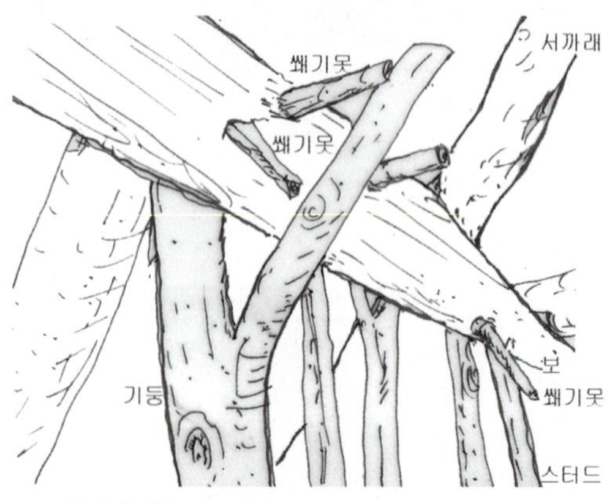

1660년경의 펜스, Jamestown

초기 정착민들이 파우하탄 인디언으로부터 배운 담배농사로 부를 축적하자 제임스포트(James Fort)목책 밖으로 식민지 타운을 건설하였다. 당시의 목조주택은 화재의 위험이 많아 이를 보호하기 위해 벽돌을 사용하였고, 펜스의 형태도 '之자' 형태로 만들었다. 이러한 형태는 지금까지 해당 지역의 전통적 목재펜스형식으로 농가에 전수되어 사용되고 있다.

1780년대 담배농장의 담장, Yorktown

농장의 경계구획은 통나무를 쪼개어 사용하였다. 펜스를 길게 연결하는 방식은 못을 사용하지 않고 자연스럽게 결구하는 방식이었다. 역시 모든 재료는 자연으로부터 채취한 것이었다. 1실형 목조주택은 벽돌로 만든 굴뚝을 갖는데, 이 고딕양식의 주거는 전형적인 농가형태였다.

전통적 군사용 펜스

Williamsburg, Virginia

군대의 야영시 군사용 펜스로 사용한 쐐기모양의 펜스이다. 펜스는 'X자'형태로 거치의 안정감을 주며, 이동이 가능한 구조이다. 이 군사용 펜스는 부대의 경계는 물론 방어적 기능을 갖고 있었다.

전통적 목조주거용 펜스

전통적 벽돌조 펜스

(좌)Williamsburg, (우)Richmond

벽돌을 사용하기 시작한 17C반부터는 공공기관의 담장을 주로 벽돌로 장식하였다. 경우에 따라 장중하게, 또는 벽돌벽 사이에 쇠사슬로 경계만 구분하는 경우도 있었다.

현대적 목조펜스

전원지역은 현재도, 목재펜스를 사용하는 사례가 많다. 홈 디퍼(Home Deeper) 등의 대형 건축자재상에서 목조 펜스를 구입하여 조립하는 수법과 수공예로 조형미를 더하는 형태(우)로 경계를 처리하므로 전통미를 갖게 한다. 디테일을 보면 전통적 구법을 응용하고 있음을 알 수 있다.

신호등(信號燈)
Signal Lamp

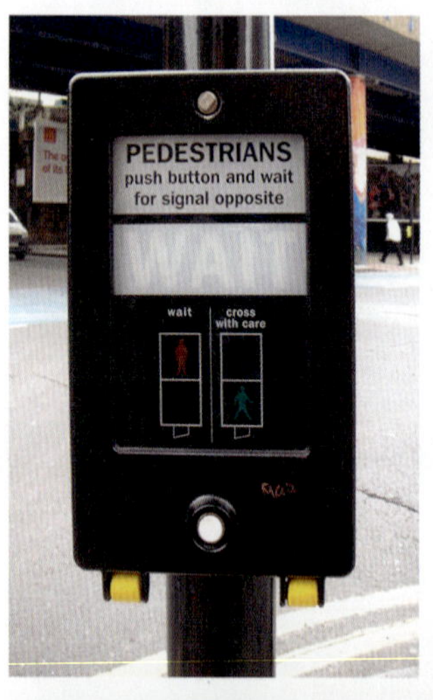

보행자작동 신호장치 Pedestrians, London

희색버튼을 누르면 녹색신호등이 들어올 때까지 기다려서 안전하게 건널 수 있는 신호체계이다. 보행자 우선 신호이다. 중심도로 보다는 간선도로나 차량통행이 심하지 않은 곳에서 활용하면 보다 실용적이다.

보행자중심 신호표시 신호등, Richmond

보행자의 눈높이를 고려하여 신호등을 설치하는 것은 안전은 물론 보행자의 식별을 용이하게 한다. 보행자 신호표시를 단순히 신호등이 아니라 숫자, 신호음, 신호표시 형식 등을 종합적으로 고려하여 디자인하면 불특정 다수인의 보행에 도움을 줄 수 있다. 자동차 중심의 신호체계에서 보행자를 생각하고, 배려하는 신호표시는 아무리 강조해도 지나치지 않다.

신호등의 숫자, China

한편 운전자에게도 신호대기를 디지털로 표시해주면 안전한 방어운전에 도움이 된다.

보차분리식 신호표시 체계, Tokyo

신호등, 신호음, 조명, 간판, 가로등 등을 복합적으로 결합하여 작동케하므로 일반인이나 노약자들이 건너는데 지장을 최소화하도록 배려하고 있다. 인간중심의 신호체계방법 중의 하나로 볼 수 있다.

우체통(郵遞筒)

Mailbox

1883년, 우리 근대사에서 홍영식을 비롯한 조선사절단 보빙사가 미국 뉴욕의 우편국을 방문하였다. 한국의 재래적인 우편배달체계를 개혁하고, 1887년에 발전기를 설치하여 전등을 켜는 개혁을 실시한 것이 우리나라의 근대 우편발달의 기초가 된다. 지금은 세계적인 통신시스템과 우편체계를 자랑하고 있으나, 디지털화에 의해 아날로그방식의 공중전화박스 및 우체통이 각광을 받고 있지 못한다. 그러나 시민정보전달 수단과 낭만적 정보전달수단으로써 가로경관의 포인트가 될 수 있다.

근대형(좌)과 현대형(우) 우체통, Japan

1880년대 미국의 우체통은 원통형이었다. 일본의 근대 우체통 역시 원통형이었음을 볼 수 있다. 현재, 빨강색Box형은 크고 작은 모양의 우편물을 구분하여 보행가로공간에 배치하였다. 크기와 폭을 화단의 규격에 맞추어 설치하므로 통행을 고려하고 있음을 이해할 수 있다. 빨강색 우체통은 거리가구로 식별이 용이하고, 악센트로 위치하고 있다.

전통마을의 우체통만들기, 타케토미마을, Japan

일본에서 24번째로 지정된 중요 전통적 건조물군 보호지구 (1977년, 重要傳統的建造物群保存地區)인 최남단 타케토미 마을이다. 마을주민들은 마을이 가지고 있는 전통주택 및 마을길을 본래대로 복원하고 마을의 전통적 경관요소를 활용하여 관광자원화하였다.

대표적인 경관디자인의 핵심은 다음과 같다.

- 옛 기와의 재활용으로 아름다운 마을경관 만들기
- 백색의 모래를 깔은 마을길 만들기, 도로양편으로 석담 만들기 및 4계절을 느낄 수 있는 화단 만들기
- 죽부정민(町民)으로서의 긍지를 갖도록 합심하여 마을 만들기의 소원을 담아 제정하기 등 이상의 마을경관규정에 따라서 우체통의 배치는 담장의 선에 맞추어 마을길에 돌출되지 않도록 하였고, 우체통의 형태는 원통형으로 하였으며 이를 안내하는 간판은 돌담의 모서리에 정방형으로 삽입하였다. 이러한 정교함과 건축적 규정을 통해서 마을경관을 한층 고양시켜나가고 있다.

일반주택의 개인우체통, Philadelphia

전형적인 미국의 주택가 우체통이다. 현재, 한국의 전원주택가에서도 흔히 찾아볼 수 있는 우편함이다. 자동차로 순회하면서 우체부가 하차하지 않고 우편물을 전달하도록 1m전후로 운전자의 높이에 맞추어 설치하면 좋다. 우편물을 전달, 수거하는데 편리하며 동시에 수공예의 미를 더해 고안한 것이다.

공중전화박스(公衆電話박스)

Public Telephone Box

벽면 매입형 공중전화박스 Telephone Box, London

영국 런던의 빨강색 2층버스와 전화박스는 시를 상징하는 공공시설물 중의 하나이다. 색채를 통해 공공시설물을 인식하기에 충분하다. 전화부스를 보행로의 통행에 방해가 되지 않도록 건물의 아치 창 중앙의 하부공간을 이용하여 설치하였다. 중심감을 갖도록 비례를 고려한 공공디자인의 배치형태를 읽을 수 있다.

아일랜드 형 공중전화박스 3개 연결형, Daejeon

가로정비와 함께 공중전화 박스디자인을 새롭게 시도하여
보행로 중앙에 독립적으로 설치하였다. 가로경관의 새로
운 이미지를 만들어내고 있고, 이용빈도가 높다. 기존 하
늘색의 일반 전화박스와 차별화하여 차분한 진갈색계로
통화자의 분위기를 고려하고 있다.

복합형 공중전화박스(인터넷과 공중전화)

복합형 벽면거치 전화박스 및 인터넷부스이다.
1개의 부스는 유약자의 높이를 고려하여 낮게
설치하였다.

커뮤니티의 청결성(커뮤니티의 淸潔性)
Cleanliness of Community

흔히 버리게 되는 쓰레기는 폐기물과 재활용쓰레기로 구분할 수 있다. 우리나라의 재활용 시스템과 주민의 참여도는 매우 높게 평가되고 있다. 특히, 아파트단지에서 실행하고 있는 쓰레기분리수거는 환경을 보존하는데 하나의 운동으로 잘 정착되어 있다. 재활용품을 플라스틱류, 병과 유리, 고철류, 종이류, 스티로폼 등 종류별로 분류하여 각각의 재활용품용기(쓰레기통)에 넣도록 유도하는 것은 교육적 측면에서도 바람직하다.

　보행로나 공공장소에 설치된 쓰레기통 역시 재활용품의 분리수거를 위해 구분해 놓고 있어 거리환경의 정화뿐만 아니라 재활용품의 분리수거까지 도모하고 있으나 '쓰레기통이 없으면 버리지 않는다'는 심리적 작용을 고려하여 의도적으로 쓰레기통을 설치하지 않는 경우도 있다. 모두 커뮤니티의 쾌적성과 깨끗한 환경보존을 위한 노력이라고 볼 수 있다. 쓰레기통의 설치는 일상생활권에서 주기적으로 버려야 하는 쓰레기를 모아 둘 수 있는 복합형과 가로변이나 공공장소 등에서 불특정 다수인이 수시로 버리게 하기 위한 개별형 쓰레기통으로 대별할 수 있다.

쓰레기통 종류: 분리수거형, 복합 쓰레기통, 탈착형 쓰레기통, 개별 쓰레기통

분리수거형 복합쓰레기통, Jeju

일반폐기물과 분리수거물
– 일반폐기물은 종량제봉투(흰색)를 사용한다. 회색 쓰레기함이다.
– 재활용품은 컬러별로 함을 만들어 분리수거한다.

● 종이류: 주황색함

● 캔, 플라스틱: 파랑색함

● 건전지, 전구: 회색벽체함

세부적으로 분류하여 분리수거하고 있는 케이스이다.

탈착형 쓰레기통, Paris

비닐쓰레기봉지를 활용하여 봉지교환과 쓰레기수거가 용이하게 처리하였다. 불특정 다수인이 동시 다발적으로 군집하여 쓰레기발생량이 많을 경우에 보다 실용적으로 활용할 수 있을 것이다. 우리나라에서도 기차역, 전철역, 대형병원 등 사람들이 많이 운집하는 장소에서 1회용 탈착형 비닐봉투를 이용하는 경우가 많다.

개별형 쓰레기통, Atlanta, Georgia

세계 약 200국가에서 판매되고 있는 음료는 코카콜라(Coca-Cola)로 세계인의 음료로 알려져 있다. 쓰레기통 디자인에 있어서 대중주의(Populism)적 개념을 갖게 하였다. 즉, 재활용 페트병과 캔을 수거하기 위한 발상을 대중적 관점에서 접근하였다. 시민의 호기심을 일으킬 뿐만 아니라 재활용에 대한 교육, 그리고 효율적 수거기능 외에 코카콜라라는 세계적인 음료의 간접적 광고효과까지 계산한 디자인 수법이다. 이러한 대중주의적 디자인수법은 단지 쓰레기통만이 아니라, 예를 들어 라스베가스 스트립 대로변에 위치하고 있는 상업시설의 코카콜라유리병 모양의 대형엘리베이터 등은 가장 대중적인 요소를 도입하므로 이용자의 접근성을 확보하기도 한다.

요일제 분리수거형 쓰레기통, Mithlothian, Virginia

일반쓰레기통과 재활용쓰레기통의 용기를 각각 검정색과 파랑색으로 구분하여 요일제로 수거한다. 차량을 활용하여 전자동으로 수거한다. 자동화시스템에 비해 종류별 분리수거를 세분화시키지 못하고 있으나 종이류, 플라스틱류 및 고철류를 중심으로 재활용하고 있다. 보통 잔디와 나뭇가지 등은 녹색 캔을 사용한다.

거리(距離)의 쓰레기통
Trash Can in the Street

쓰레기를 어떻게 관리하고 처리하느냐에 따라서 커뮤니티의 쾌적성을 향상시킬 수 있다. 쓰레기를 함부로 버리는 것은 시민의 의식수준과 개인의 질서의식에 관계있다. 커뮤니티에서 발생하는 쓰레기를 도시환경미화원에게만 책임을 돌린다면 거리의 쾌적한 환경은 지속가능할 수 없다. 따라서 커뮤니티를 보다 쾌적하게 유지하기 위해서는 거주자의식 향상과 함께 쓰레기통 배치의 적절성, 쓰레기의 분리수거시스템 도입, 그리고 쓰레기통의 기능 및 디자인 등이 종합적으로 고려되어야 한다. 가로공간 혹은 공원공간에서 쓰레기통은 단순히 쓰레기를 버리는 용기가 아니라 거리 혹은 캠퍼스의 미관에 악센트가 되면서도 본래적 기능을 감당하는 것이면 더욱 바람직하다. 다양한 아이디어를 찾는데 어렵지 않다. 위치, 재료, 용도에 따라서 다음과 같이 구분할 수 있다.

목제쓰레기통

나무 쓰레기통, Japan

쓰레기통을 2중구조로 제작, 외피와 내피로 통을 만들었다. 내피를 교체만 하면 된다. 외피는 목재로 항상 청결하게 유지할 수 있다.

철제쓰레기통

Washington DC

도로 양옆 콘크리트 보행로 상에 설치하였다. 철제 쓰레기통은 견고한 물성이다. 시민들이 빈번히 찾는 곳에 배치면 타 물질에 비해 파손의 위험을 줄일 수 있다.

Charleston Waterfront Park, South Carolina

파랑색 쓰레기통이 재활용용기이다. 재활용마크가 부착되어 있다. 철제이나 플라스틱을 사용하기도 한다.

공중화장실(公衆化粧室)
Public Toilet

도시공간에서 공중화장실을 필요로 하는 곳은 적지 않다. 흔히 공원, 가로, 교통시설 등에서 필요로 한다. 특히, 이슬람권은 크고 작은 커뮤니티의 중심부 사원Masjid앞에 마을공동화장실을 두어 종교적으로 정결하게 하는 용도로도 활용하는 등 커뮤니티 성격에 따라 복합기능을 갖는다.

현재, 우리나라의 공중화장실의 공간적, 질적 수준은 매우 높으며, 지자체에 따라 형태주의적으로 접근하여 커뮤니티의 이미지를 제고하기는 용도로 이용하는 경우가 적지 않다. 이렇게 발전하기까지는 제도적, 정책적 지원과 시민의식이 뒷받침되었다.

공원용 공중화장실

화장실이 원통형의 조형미를 취하고 있다. 입면마감에 유리블록을 사용하여 주광을 산란시켜 은은한 빛을 내부로 끌어드리는 빛의 효과를 연출하고 있다. 이처럼 기능과 형태와 감성까지 고려하여 차원을 달리하면 커뮤니티의 이미지 제고에 도움이 된다.

가로형 공중화장실, Dangjin

당진시의 중심가로 상의 공중화장실이다. 협착한 보도공간에 공중화장실을 설치하기 위해 삼각형의 형태로 디자인하였다. 평상시 이용 빈도가 매우 높다. 거리가구로의 기능과 형태가 주변건축물과 조화를 이루며 도시경관을 양호하게 만들고 있다.

마을공동화장실(MCK), Ujung Ujung, Java, Indonesia

2003년부터 건축전공학문연계봉사(Architectural Service Learning) 차원에서 필자와 대학생봉사자들이 남아시아에서 마을공동화장실 건축봉사를 실시하고 있다. 공중화장실이 부족하고, 화장실이 없는 가정이 적지 않은 마을에 위생시설을 개선하는 차원에서 공동체형 마을공동화장실을 건축하는 것이다. 주민들의 참여로 행해진다. 마을의 중심시설로 마을의 위생적 환경개선에 유익하다.

시계(時計)

Clocks

고대인들은 시간에 관하여 2가지 개념을 가지고 있었다. 인간이 시간을 측정한 시기가 언제인지 정확하게 알 수 없으나 그 어원과 개념을 살펴보면 첫째, '크로노스Chronos'시간이다. 즉 시간의 형태를 담고 있는 그리스어에서 발견할 수 있다.[48] 예를 들어 크로로미터Chronometer, 정밀시계나 연대기Chronology 등의 어원도 시간의 형태를 담고 있는 크로노스에서 왔다. 즉, 타임라인time line 속에서 흘러가는 시간을 인간이 시계라는 도구로 개발하여 측정하였다. 둘째, '카이로스'Kairos시간이다. '카이로스'는 역시 그리스어로써 아주 적절한 최상의 때를 의미하는데,[49] 꽉 찬 시간으로 구체적인 사건의 순간, 감정과 기쁨의 순간을 의미한다. 즉, 카이로스 시간개념은 측정할 수는 없지만 자기의 존재감을 확신하는 절대적 순간의 시간인 것이다.

여기서는 도시공간 속에서 크로노스의 시간개념으로 시간의 규칙에 따라 생활하는 도시 시간의 세계를 살펴보고 있다. 생활공간에 요구되는 공공의 시계가 공공장소에 있어서 어떻게 설치되어야 하는지를 다각적인 사례를 조명해 보는 것도 아이디어를 만들어 가는데 도움이 된다.

역사적으로 자연현상을 이용하여 하루의 시간을 측정했던 노력이 많은데, 우리나라의 앙부일구仰釜日晷는 1434년, 세종대왕 때 제작, 사용된 해시계로 그 역사와 가치를 인정받고 있으며, 1719년 영국작가 다니엘 디포Daniel Defoe가 쓴 소설 로빈슨 크루소Robinson Crusoe에서 날짜를 기록하기 위해 주인공은 하루하루 나무에 시간을 새기는 장면을 읽을 수 있다. 서양에서 기계적 시계의 발견은 13C로 거슬러 올라가는 것으로 알려져 있고, 현대 우리가 사용하는 시계는 교육적 차원의 해시계로부터 디지털시계까지 다종다양하다.

아날로그시계(Analog clocks), 디지털시계(Digital clocks), 증기시계(Steam clocks), 해시계(Shadow clocks), 벨시계(Bell clocks) 등

포켓파크용 아날로그시계, Osaka

48　http://dictionary.reference.com
49　http://en.wikipedia.org/wiki/Kairos

사거리번화가용 증기시계, Otaru

관광도시의 거리에 설치된 증기시계이다. 매시 15분마다 증기가 올라와 시간을 알린다. 일단 작동하면 거리의 방문객들이 환호하고 호기심을 가지고 바라보며, 사진기를 꺼내어 기념촬영한다. 시간체크는 물론 거리의 명물로 감정과 역사적 기억을 불러일으키는 역사적 거리가구이다.

가로공간용 디지털 벨시계, 복합형, Japan

독립된 고딕형 시계탑에 디지털시계와 벨시계를 동시에 설치하고, 하부에 간판을 삽입하여 복합적 기능을 갖게 하고 있다.

건물타워용 시계, 리옹역타워, Lyon

대형시계로 방문객들이 멀리서도 인식하기에 충분하다. 이 타워형 시계는 건축장식적 요소로도, 역사문화경관요소로도 작용하고 있다.

도심타워용 디지털시계, Otaru

도시의 일상생활 가운데 멀리서도 시간을 인식할 수 있도록 타워위에 설치, 유용하게 사용되어지고 있다. 이와 같이 도시민 다수가 24시간 동안 유익하게 이용하는 경우는 가시거리를 위한 높이 설정, 전광판의 크기와 형태, 숫자의 밝기 등을 종합적으로 고려하여 상호 조화를 이루면서 적절해야 한다.

도심공원용 상징적 해시계, Japan

해가 주는 그림자를 활용하여 시간을 측정하는 시계이나 교육적, 상징적 의미를 담고 있다.

강변로용 시계, Kyoto

강변산책로에 설치된 시계탑이다. 철제 후레임을 사용하여 조형미를 더하였다. 자연이 풍부한 공간에서 이에 순응하는 형식으로 자연의 선을 모티브로 삼아 아루누보 스타일의 받침대를 만들고, 그 위에 시계를 설치하였다.

벤치
Benches

벤치의 기능은 주민 혹은 보행자가 어떤 공간에서 기다림이나 휴게 등의 행위 시 필요로 하는 공공의 의자이다. 벤치의 종류는 공원, 정원, 거리, 캠퍼스 등 이용 빈도가 높은 장소와 낮은 장소에 따라서 다양한 형태로 설치할 수 있다. 벤치의 재료는 자연재료로부터 합성수지에 이르기까지 용도에 따라서 다르다. 벤치의 형태는 1인용, 2인용, 다인용으로 직선형, 직각형, 곡선형, 원형 등으로 구분할 수 있으나 벤치의 재료를 중심으로 그 종류와 설치공간을 보면 다음과 같다.

석재벤치

원목벤치와 가공석재, Bermondsey square, London

East Architects가 설계한 버몬세이 광장(Bermondsey square)의 거리 랜드스케이프이다. 광장의 바닥은 크링터 타일 블록깔기로, 일반적으로 흔히 볼 수 있는 소재이다. 그러나 랜드스케이프 디자인에 있어서 다이아몬드형 스톤벤치와 원목의 장의자, 트리박스 등은 자연소재로 디자인하였고, 각각의 스트리트 퍼니춰(Street Furniture)를 마치 자연의 패턴처럼 랜덤방식으로 배치하고 있다. 거리가구의 소재로부터 따뜻한 텍스춰를 느끼게 하며, 조화로운 배치형태를 통해 자연스러움과 친근감을 갖게 하고 있다.

원목과 석재일체형 벤치, 야탑역광장, Bundang

석재다리와 목재상면을 일체화하였다. 겨울철을 고려하여 상면을 차갑지 않게 고려한 것이다. 시민들의 시선이 2방향이다. 광장방향과 화단중심의 느티나무방향이다. 느티나무로 향하는 마음이보다 강하게 작용하고 있다.

스틸 벤치

상호 90°로 향하여 바라 볼 수 있기 때문에 보다 친근감을 주는 배치방식이다. 모서리와 같이 각진 곳에 배치하면 정리차원에서도 바람직하다.

돌 벤치

돌 벤치, London(좌), Paris(우)

원석을 정육면체로 가공하여 개인용(Single)벤치를 만들었다. 돌 벤치를 보행가로변에 비정형으로 배치하였다. 벤치 하나가 모여서 그룹을 형성하고 있다. 화강석의 질감을 느낄 수 있다. 가로변의 화단, 자전거거치대, 입간판 등과 조화를 이루고 있다. 그러나 겨울철에는 벤치 상부면이 차갑기 때문에 이용되지 않거나 방치되는 경우가 발생하고 있다. 이를 고려하여 목재패널을 깔기도 하지만 질감과 색채조절 등을 종합적으로 고려하여 결정하는 것이 좋다.

스틸과 합성수지일체형 벤치

목재와 철재

고전적인 벤치(Classic Bench)형태이다. 팔걸이를 설치하면 보다 편안한 자세를 유도할 수 있다.

원목과 원석, Okinawa

지역에서 가져 온 돌과 통나무 등은 훌륭한 벤치가 되며, 주변과 잘 어울린다. 여기서는 보다 원시적인 방법으로 통나무를 잘라 벤치로 사용하였다.

유리와 석재

유리와 석재, Jeju

유리를 강화시켜 벤치를 만들었다. 벤치재료는 우리의 상상을 초월할 정도로 많으며, 사용되고 있음을 알 수 있다.

거리의 자전거(距離의 自轉車)

Bicycle in the street

인류의 발견 중에 바퀴는 인간 삶에 있어서 가장 유용한 최고의 발명 중의 하나이다. 바퀴에 동력을 달아 운송과 이동수단에 혁명을 일으켰던 근대문명은 현대의 스피드 시대를 예견하였고, 실제로 지구촌 어느 곳이든 일일생활권으로 만들었다. 현대에 엄청난 스피드의 진보와 접근성을 가져왔다. 반면에 에너지를 많이 필요로 하는 치명적인 결과를 수반하고 있다. 따라서 다시 자전거타기를 시작하지 않으면 안 될 상황으로 유럽에서는 자전거의 대여시스템구축과 전용도로확보 등 제도적인 뒷받침하므로 그 환경을 도시적 차원에서 접근하고 있다.

한편, 개별적으로 활용한다면 가로공간에 거치대를 적절히 설치해주어야 한다. 주로 대중교통의 교차점을 중심으로 설치하면 더욱 편리하다. 보행자의 통행과 교통의 원활환 순환을 고려하여야 설치해야 한다. 시민들이 안전하게 이용하도록 도시가구로써의 형태적 고안이나 재료의 사용 등도 신중하게 고려해야 한다. 간혹 주인이 없이 버려진 채 방치된 자전거가 발생하는데 도시미관에 좋지 못하므로 이용자의 의식도 성숙되어야 한다.

Barclays 자전거, London

영국의 Cycling England정책과 함께 런던의 Barclays자전거는 2010년 현재, 315개의 정거장을 설치하고 대여하고 있다. 자유롭게 타고, 어디에서나 반납할 수 있는 구조이다. 대체교통수단으로 자전거는 고유가시대에 대응하면서도 도시환경을 고려하여 장려되고 있다. 정책적으로, 도시 공공 디자인적으로 접근할 필요가 있다. 영국에서 세계적인 사이클 선수가 많이 배출되는 것은 우연이 아니다.

아일랜드형 자전거 거치대, Washington D.C

'U자형'자전거 거치대를 인도 중앙에 아일랜드형으로 설치하였다. 차도로부터 안전하게 분리하여 볼라드와 함께 거리가구로 그 기능을 감당하고 있으나 보행자가 많은 거리에서는 독립적으로 거치하는 것은 오히려 통행에 지장을 줄 수 있다는 점을 감안해야 한다.

거리의 자전거거치대 및 주차시설(距離의 自轉車거치臺 및 駐車施設)

Bike Stands and Parking Building

거리의 자전거거치방식은 설치공간의 폭과 관계가 있다. 좁은 가로공간에서는 독립적 거치방식이 통행에 지장이 없도록 가로방향으로 유도하는 것이 바람직하다. 대중교통과의 연계를 고려하여 자전거주차시설을 거점으로 설치해주면 자전거보관과 주차경관 상 보다 유리하다. 그리고 시민의 자전거활용을 유도할 수 있을 것이다.

자전거주차장

전신주(電信柱)
Electric and Telegraph Pole

도시의 상업공간에서 상점이 많이 분포하고 있을 때 특히, 중고층의 상가가 많이 들어서있는 커뮤니티의 경우는 변압기 하나만으로 부족하여 복수로 공급해야 한다. 전기의 소비량이 증가하기 때문이다. 일반적으로 변압기로부터 전기선을 달아내어 각각의 주택이나 상가의 거실로 인입해야 하는 과정이 필요하다. 도로의 상부공간은 마치 거미줄처럼 전기선이 서로 얽혀있어 복잡한 네트구조를 만들어내면 위험할 수 있고, 미관상에도 좋지 못하다.

따라서 지중매설방식으로 가로경관을 정비하는 사례를 종종 볼 수 있는데 이는 도시가로경관정비에 있어서 중요한 요소가 되며, 안전성의 확보와 도시가로경관형성에도 고려해야 할 사항이다.

전기선의 지상노출과 가로경관

지상노출과 도시상부공간, Osaka

기존의 전주사용과 전기선은 특히 도시 상업공간에서 도로위를 장식하고 있어 복잡한 가로경관을 연출하고 있다. 다설지역(多雪地域)의 경우 전기선 고드름의 낙하에 의한 차량파손과 보행자 통행의 위험을 초래하므로 안전성의 확보에 주의해야 한다.

전기선의 지중매설과 가로경관

지중매설(地中埋設), Osaka

오사카의 정비된 지구이다. 전주 1개와 변압기로 주변의 상점들에게 전기를 공급하고 있다. 전주는 있으나 전기선을 지상으로 노출하지 않으므로 가로경관이 한층 정비된 느낌을 받게 된다. 안전성을 확보하는데 있어서도 양호하다.

전기선의 지상노출과 피복 및 가로경관

지상노출과 전기선피복, Seoul

서울 강남의 한 상점가 및 학원가이다. 복잡한 도시구조를 반영하듯 전주 1개에 3개의 변압기를 매달았다. 전기선은 안전과 식별을 위해 노랑색으로 피복하였다. 그럼에도 불구하고 도시상부 공간은 복잡한 경관을 보여주고 있어 재정비가 절실하다. 지상 혹은 건물에서 보는 수평선의 구성이 복잡하게 느껴지는 문제를 야기한다.

전원지역의 전신주

전원지역에서 도로를 따라 끊임없이 규칙적으로 늘어서 있는 전주를 볼 수 있다. 전원에서의 전주는 수평적 구성요소로 선의 연결성 때문에 오히려 삭막함을 덜어주고, 운전자와 동반하는 요소로도 작용한다. 전선주의 규칙적인 리듬과 선적인 요소는 경우에 따라 낭만적인 풍경을 만들어내기도 한다. 전신주의 재질에 따라서, 형태에 따라서 느낌을 달리하기도 한다.

한편, 전원지역에서 신규로 조성된 주거단지는 전선을 지중에 매설하여 양호한 환경과 안전성을 확보하는 것이 추세이다.

각각의 사례를 보면 다음과 같다.

전원지역에서의 주거단지내 전선의 지중매설

Fox Creek 주거단지, Richmond근교 전원주택단지
모든 전신주와 전선이 지중으로 매설되었다. 깨끗한 주거단지의 이미지로 양호한 경관을 만들어내면서도 안전함을 도모하고 있다.

전원지역에서의 전주와 전기선의 지상노출

Dulles Airport근교 도로변 전신주
목재전선주와 콘크리트전선주가 도로 양옆으로 균등하게 배치되어 있다. 북미의 경우 아직도 목재전선주를 많이 활용하고 있으나 작금의 상황은 콘크리트전주로 대치되고 있어 보다 효율성을 고려하고 있다고 볼 수 있다.

가판대(街販臺)
Street Market Booths

가판행위는 주로 사람들이 많이 이동하는 도시의 가로공간에서 발생하지만, 간혹 전원마을이나 공공시설 주변에서도 야기된다. 가판행위를 통해 판매자(지역주민)와 구매자(방문자)가 교류의 장을 만든다는 점은 매우 중요한 의미를 갖는다. 즉, 물건의 판매만이 아니라 커뮤니티가 갖고 있는 정보를 상호 주고

받을 수 있으며, 인간애를 느끼게 하기 때문이다. 주의해야할 점은 가판으로 인하여 불쾌감을 주어서
는 아니 된다.

가판에서의 구매행위, London

런던의 한 골목길에서 주민과 방문자가 가판대 앞에서 무언가를 얘기하고 있
다. 물품의 구매만이 아니라 상호 만남의 접점장소로도 기능하고 있다. 고정적
인 일반상점과 달리 정찰된 가격이 아니라 흥정이 가능하다. 고가의 상품보다
는 지역에서만 생산되는 특산품이라든가, 생산자가 직가공한 농산물 등을 구매
할 기회를주기 때문에 가장 친근하게 만날 수 있는 장소이다. 대개 가판대의 형
태는 파라솔이나 도시형 가판부스를 이용하도록 권장하지만 전원지역은 오픈
마켓형식이 일반적이다.

도서판매용 가판대, 가로의 가판대, Paris

일반서점과는 달리 거리의 풍경을 그려주며, 대화의 장,
만남의 장 등 장소적 의미가 크다.

규격화된 가판대, 가로의 가판대, 신촌, Seoul

서울시의 규격화된 가판부스와 비규격화된 가판대, 또는 파라솔가판
을 동시에 볼 수 있다. 산만한 가로경관을 발견 하지만 거리에 활력이
있는 것은 분명하다.

연속적인 가판대, 가로의 가판대, 인사동, Seoul

서울시에서 가장 가판행위가 활발한 곳 중의 하나가
인사동 거리이다. 외국인들이 많이 찾는 거리이기 때
문에 가판을 통해 한국적인 미를 알리며, 정보를 제공
해주는 효과도 있다. 중요한 것은 가로의 전통적 경관
조성을 위해서는 난장이 되지 않도록 도시미관을 고려
하여 가판을 설치하고, 공간의 범위를 규정할 필요가
있다.

정보전달(情報傳達)
Communication of Informations

정보전달시 최근에는 디지털방식에 의존하는 비중이 높다. 현대인은 디지털정보의 홍수 속에서 살아간다 해도 과언은 아닐 것이다. 무한한 사이버 공간Cyber Space에서 정보를 얻거나 가상체험을 실현할 수 있고, 디지털정보를 고정적으로 또는 동영상으로 취할 수 있다. 실제로 거리나 커뮤니티 공간에서 교통, 간판, 건축물 등의 정보를 전달하기 위해서 디지털표현을 시도하는 것은 관리자 및 시민 모두에게 보다 유용하다. 왜냐하면 신속하고 정확한 정보를 실시간에 제공, 얻을 수 있기 때문이다. 따라서 우리나라의 경우 대부분의 지자체는 정보전달시 디지털활용의 의존도가 매우 높다.

디지털정보전달의 편리성과 신속함 이면에는 인간의 감성과 정서가 억제되었다는 심리적 불만족이 잠재되어 있다고 볼 수 있다. 이에 대한 반작용으로 전통적인 핸드 크라프트Hand Crafts나 서체의 예술적 표현으로 잠식되었던 수공예가 부활되고 있다. 즉, 기능적, 내용적 정보전달은 감성에 호소하는 정성과 노력도 유지되어야 할 필요성이 많다는 점을 간과해서는 아니 될 것이다. 인간은 감정의 동물이기 때문이다. 커뮤니티의 정보전달에 있어서 양면성이 요구되는 부분이라고 생각된다.

정보전달에 있어서 문자를 다루는 방식

- 칼리그래피(Calligraphy): 프린트(Print)의 상대적인 말로 스크립트(Script)를 사용하는데 서예나 붓글씨 등 직접 손으로 쓰는 것을 의미한다. 영화와 연극 등 작품의 성패에도 영향을 줄 정도로 표현의 호소력을 중요시한다. 즉 작품을 위한 회화적 측면이 강하다.
- 타이포그래피(Typography): 활판인쇄 또는 활술, 조판이라는 뜻을 갖고 있다. 이는 글자(Type)를 이용하여 그래픽으로 표현하는 것이다. 글자가 담고 있는 공간과 위치를 설정하고 글자를 디자인하는 것이다. 광의의 의미에서 타이포그래피는 칼리그래피를 포함한다고 볼 수 있다.

디지털정보전달

Cycle Hire와 Local Map, London
자전거대여 기둥간판에 지도안내, 대여비, 기타안내 등을 복합적으로 전달하고 있다. 아날로그 시스템으로는 상상하기 힘들 정도로 편리한 체계이며, 네트워크화되어 있어 정보습득만이 아니라 정보수집에 있어서도 신속한 처리가 가능하다.

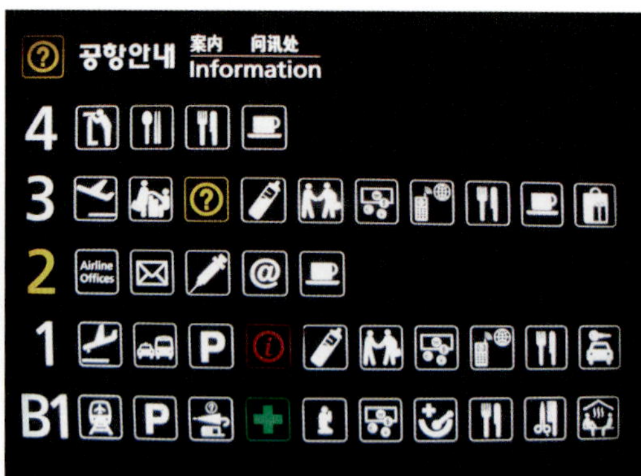

인천공항의 전자안내판, Inchon Airport

픽토그램(Pictogram)으로 각 층의 편익시설을 안내하고 있다. 디지털 표현으로 간결하고, 다중기능으로 안내할 수 있다.

강남대로의 전자안내판, Gangnam

운전자에게 방향표시와 데이터를 수시로, 의도하는 바대로 다양하게 서비스할 수 있다. 편리성과 다중정보 습득에 유리하다. 전자안내판의 장점이다.

칼리그래피 정보전달

붓글씨 수공예 안내판, Japan

인류의 가장 고귀한 발견인 문자를 기계와 전자기에 의존하지 않고, 전통적 방식으로 직접 손으로 쓰고, 제작하는 것은 느리고 토속적일 수 있으나 정감을 줄 수 있다.

적어도 이 호숫가를 찾는 방문객과 방파제 낚시꾼들에게는 의미상의 정보 전달과 함께 자연재료 및 서예체가 주는 수공예안내판의 존재가 보다 소중하게 여겨지고 있을 것이다.

방향유도와 주의(方向誘導와 主意)
Direction of Orientation and Warning

방문자에게 방향을 유도할 때는 첫째, 지점(목적지)을 정확하게 안내해야 한다. 혼란스러운 느낌을 받지 않도록 주의해주어야 한다. 둘째, 미적 디자인과 색채 및 다국적 언어를 더하면 더욱 바람직하다. 방향유도Way Finding표시판은 적절한 언어사용, 거리표시, 그림삽입, 색채, 형태와 크기조절 등을 종합적으로 고려하여 디자인하면 오히려 안내의 효과와 즐거움을 줄 수 있다.

벽면부착방식, International Community Center, Waseda University

화살표방향표시와 문구(영어, 일본어 가타카나)만 간단하게 사용하였다. 왜냐하면, 외길로써 콘크리트담장이 웨이 파인딩(Way Finding)하는데 유도벽으로 작용하고 있기 때문에 간단한 표기만 가지고도 목적지까지 접근하는 데는 문제가 없다.

바닥부착방식, Pedestrian, U.S.A.

차도와 인도의 분리방식으로 인도라는 표시로 사람모양의 피토그램(Pictogram)을 그려 넣었다. 전용보행로의 인식과 함께 미적표현을 가하였다.

바닥표시와 시설물설치방식, Tokyo

주택가의 차량속도 제한 표시로 숫자(30km이하)와 예고표시 등으로 주의시키고 있다. 왼쪽 골목길의 차량진입을 통제하기 위해 U자형 볼라드를 도로상에 설치하여 진입을 막고 있다. 주거지역에서 자전거와 사람의 통행을 고려하여 차량의 위험과 스피드를 제한하는 표시방법을 볼 수 있다.

바리케이트방식, Warning, 'Clamped', London
불법주차에 대한 견인경고이다. 경우에 따라 출입금지
나 경고, 보호 등의 필요시 간단한 안전줄이나 바리케
이트를 사용하여 주의를 환기시킬 수 있다.

No ~ing
Prohibition

일상생활에서 어떤 행동이 가능한 공간과 불가능한 공간이 있는데, 가능한Affordable 것보다 불가능한 부
정적인Negative 사항이 더 많은 것 같다. 우리 주변에서 'No Smoking', 'No Parking', 'No Passing' 등 특
히, 공공공간에서 자주 볼 수 있는 금지표시와 설치물 등이 적지 않다.

사람이 특정 행위를 하면 공공에 덕이 되지 않거나 해를 입을 수 있기 때문에 사인으로 혹은 펜스나
바리케이트 등의 수단을 활용하여 행위를 금지한다. 커뮤니티의 보호와 안전유지를 위해 필요한 디자
인의 요소이다.

'U자'형 볼라드, 동경학예대학, Tokyo
보행자를 보호하며 차량의 진입을 통제하기 위한 수단으로 안
전한 공간을 구획 시에 설치한다.

일시적인 금지, Japan
필요에 따라 거리의 보수나 개선을 위해 이동식으로 바리케이트를
설치하여 접근경계구역을 설정하고 있다.

Danger & Keep Out, Japan

한자와 일본어의 서예와 영어레터링으로 위험과 진입금지를 목
판위에 표현하고 있다. 목판 역시 예술성을 가미한 수공예 입간
판이다.

공공장소에서의 금연과 흡연 존, Gangnam

뉴욕시에 이어서 서울시는 2012년부터 서울시청 앞 광장을 비롯
하여 버스중앙차로, 공원 등 공공장소에서의 금연을 실시한다. 이
와 같이 광범위한 도시공간속에서 금연 존은 시민의 건강을 증진
시키는 방법으로도 지정할 수 있다. 반면, 호텔이나 소규모 캠퍼
스와 같은 장소에서는 금연 존(No Smocking Zone)을 전체로
확대하고, 부분적으로 흡연 존(Smocking Zone)을 지정하는 방
식을 취할 때가 있는데, 위 그림은 후자의 경우로 가로공간 상 지
정된 장소에서만 흡연할 수 있는 흡연 존을 설치한 것이다.

금연거리(禁煙距離)

No Smoking Street

도시공간속에서 흡연자와 비흡연자가 서로의 권리를 주장하며, 공존해오다가 비흡연자의 간접흡연문
제, 가로에 버려진 담배꽁초와 흡연으로 발생하는 도시청결문제 등이 화두로 떠오르며 공공장소에서
의 흡연이 금지된 곳이 발생하고 있다. 비흡연자의 권리옹호와 건강한 사회구현 및 도시환경개선을
위해서 공공장소에서 흡연을 금지하는 금연구역의 지정은 도시공공디자인 차원에서도 대응해야 할
문제이다.

　캠퍼스에서도 금연캠퍼스가 필요한 것은 흡연자와 비흡연자 모두 찬성하는 편이다. 만일 캠퍼스 전
체나 도시의 가로공간을 금연지역으로 지정할 경우 흡연구역Smoking Area을 별도로 조성하여 흡연자를
배려할 필요가 있다.

　미국 뉴욕의 센트럴 파크로부터 시작된 공공장소에서의 금연은 전 세계로 확산되어, 서울시의 경우
실내공간은 물론 식당, 공원, 버스정류장, 주요보행가로공간 등 공공장소에서의 금연을 실시하게 되
었고, 여러 지자체나 캠퍼스에서도 금연환경을 만들어가고 있다. 이는 비흡연자에 대한 배려이며, 전
체적으로 시민의 건강지킴과 환경보호에 그 의도가 담겨져 있다고 하겠다.

　흡연규제와 함께 금연에 쉽게 성공할 수 있도록 금연프로그램을 운영하고, 홍보와 건강생활, 그리
고 공공디자인을 통해 주민(구성원)참여를 유도해나가는 것도 금연환경을 만들어가는 좋은 방법이다.

흡연구역지정

Smoking Area(吸煙所),
Waseda University, Tokyo

캠퍼스에 흡연자를 위한 흡연장소를 지정
하여 비흡연자와 환경을 고려하였다. 크린
캠퍼스와 건강캠퍼스를 추구하고 있다. 흡
연자(학생)를 위한 안내입간판, 전용쓰레
기통을 설치하여 유도한다.

금연구역지정

금연거리, 강남대로 보행가로변, Gangnam

보행로의 가로수에 사과모양의 '금연' 간판을 달아 금연캠페인을 벌이고 있다. 이 거리
에서 흡연시 벌금을 내야 한다. 청결한 거리환경과 보행의 즐거움을 체험할 수 있다.

담배전용쓰레기통의 종류

스텐드형, Bundang

벽부형. London

기둥부착형, London

금지와 주의(禁止와 注意)
Prohibition and Notices

커뮤니티에서 발생할 수 있는 위험성을 사전에 방지하고 알리기 위해 공적으로 금지와 주의표시판을 세우는 것은 일반적인 일이다. 반대로 사유공간의 침해를 받지 않기 위해서 사적으로 금지와 주의를 표시하는 경우도 적지 않다. 공적이든 사적이든 간에 적절한 금지와 주의표시로 인하여 정보를 전달하므로 사고를 예방하는 것이 중요하다. 그러나 표현이 지나치게 과도하거나 개인적이어서 커뮤니티의 경관과 불쾌감을 초래해서는 아니 된다.

No Skateboards, Roller blades, Bikes on Promenade
산책 시 스케이트보드, 롤러브레이드, 자전거 이용을 금하고 있다. 갈색바탕은 역사문화장소임을 의미한다.

지하철 안전선, Seoul
노랑색 안전선은 점자블록으로 되어 장애우나 일반인 모두에게 접근금지의 안전선과 승차위치를 알게 한다. 스크린도어는 자동화되어 낙하방지를 도모하며, 감시카메라는 모니터실과 연결되어 있어 시민의 안전통행을 종합적으로 확인하도록 되어 있다.

애완견 출입금지 표시, New Orleans
단독주택의 정원에 애완견의 출입을 금지하고 있다. 여기서는 애완견의 변을 금하는 표시로 개인적으로 금지표시를 세운 경우이다. 규격화된 금지표시판을 사용한 사례이다.
개인적으로 금지와 경고표시가 요구된다 할지라도 공공디자인의 가이드라인을 따라주어야 한다.

어린이 주의표시, Midlothian

이것은 주택가 커브길 등에서 발생하기 쉬운 사고를 미리 예방하기 위해 세운 '주의'표시판이다. 특히, 어린이의 행동발달상을 고려하여 운전자가 예측하여 주의하라는 표시로 노랑색 입간판을 세워 주의를 강조하고 있다.

거주지에서는 보통 차량의 속도를 20km이하로 규정하기 때문에 비교적 안전을 유지할 수 있지만 도로상에나 입간판을 설치해서라도 속도제한표시를 병행, 설치하여 주면 더욱 바람직하다.

휠체어 진입금지, Daejeon

도로 및 교통공간에서 '진입금지'표시는 상대적으로 잘 안내되어 있으나 엘리베이터와 같은 승강시설의 경우 '진입금지' 표시가 부착되어 있다 하더라도 간혹 사고로 이어지는 사례가 발생하고 있다. 불특정 다수인이 사용하기 때문이다.

공지(公知)
Common Notions

인간이 언어를 사용한 시기를 전후로 선사시대Pre-history냐 혹은 역사시대냐를 구분한다. 인간은 언어를 통해 문화를 전하는 존재로 동물과는 구별되는 것이다. 커뮤니티에서의 공지 혹은 사적인 알림 등 사소한 것이라도 문화적 맥락에서 보면 소중하며, 경관창조에 있어서도 중요한 요소이다. 한글만으로 부족할 때가 있다. 외국인들이 많이 운집하는 장소에서는 2개 혹은 3개 이상의 언어를 병기하면 좋다. 알림판은 단지 간판, 벽보, 특수형태로 시자극과 시선을 끌게 하는 표현들이 대부분이다. 중요한 것은 분명한 알림의 기능 외에도 이를 보고 인지하는 지역주민과 방문객들에게 무미건조함과 혐오감을 주어서는 아니 된다는 것이다.

이바라키현(茨城県) 불조심 경고, Ibaraki

'불조심'이라는 글과 산이 고통 받는 그림을 형상화하여 공지하고 있다. 주의를 기울이기에 충분하다.

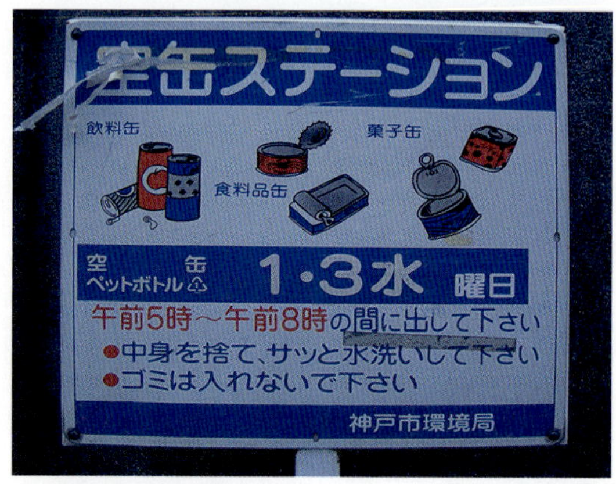

빈통(캔)스테이션, Kitakyushu

'빈통(캔)스테이션'이라는 말과 그림문자로 구체적인 수거날짜를 공지하고 있다. 고베시환경국.

For Rent, Kitakyushu

아파트 임대(For Rent), 개인적인 알림의 표시방법이다. 정해진 규격으로 공지하고 있다.

For Sale, U.S.A.

주택매매(For Sale), 자동차매매 등의 개인공지는 미국사회에서 주택가 및 도로변에서 흔히 볼 수 있는 풍경이다.

알림, Mokpo

문화재의 활용에 관한 공지, 허가에 관한 사항이다. 가장 일반적인 재료인 알루미늄 벽부간판이다. 이 간판은 전통문양의 목재대문위에 완벽하게 조화를 이룬다고 보기가 어려워 개선의 여지를 남기고 있다. 공지에도 소재사용을 고려하면 좋다.

다국적 언어표기, Israel

여러 나라 사람들이 자주 경유하는 도로나 장소의 경우 다양한 언어로 표기하여 친절함과 인식의 편리성을 도모하고 있다.

교통표시 공지, Tokyo

우회전금지 글씨(빨강색), 방향표시(파랑색) 등으로 간판 위 글씨와 방향표시를 병행하여 주의를 강조하고 있다. '속도를 줄이십시오', '위험' 등의 표시도 안전운전을 유도할 수 있다.

지도(地圖)

Map

도시의 공간구조나 캠퍼스의 건물배치도를 쉽게 인식할 수 있도록 표현하는 것은 지도를 그리는 방법이다. 그 표현방법은 평면지도로부터 그림지도까지 다양하며, 최근에는 디지털지도를 작성하여 스크린을 통하여 중첩, 관련 자료를 제공하며, 데이터의 수정도 가능하도록 하고 있다.

지도의 제공목적은 해당지역의 공간구조를 안내하고, 경우에 따라 특정 건축물이나 거리를 인식하도록 하는데 있다. 따라서 평면적으로, 입체적으로, 기호적으로, 조감도적으로 그림과 같이 정보를 간략화 하여 제공할 수 있는데 무엇이 보다 효과적인 방법인지를 선택할 필요가 있다.

평면지도

전통적 건조물군 보존지구도(新町), Japan

마을의 거리명과 건조물의 위치 등을 방위표시와 함께 상세하게 표현해주고 있다. 천(파랑색)과 주요도로와 장소(노랑색)는 유채색으로 구분, 영역을 표시하고 있다. 주차장, 신호등, 현재위치 등을 상세하게 표현하고 있어 지도를 통한 정보습득이 가능하다. 그러나 주차장(P)과 화장실(W.C.)을 제외한 모든 언어가 일본어로만 표기되어 있어 외국인 방문객들에게 다소 무리가 따를 수 있다.

입체지도

뒤셀도르프, Germany

베이를 끼고 형성된 도시공간구조내 건축물들을 입체적으로 표현하고 있고, 색깔을 사용하여 구분하고 있다. 입체화된 건축물은 보다 쉽게 기억할 수 있다. 입체지도를 통해서 위치와 간략한 건축형태 등의 정보를 습득하는데 큰 어려움이 없다.

그림지도

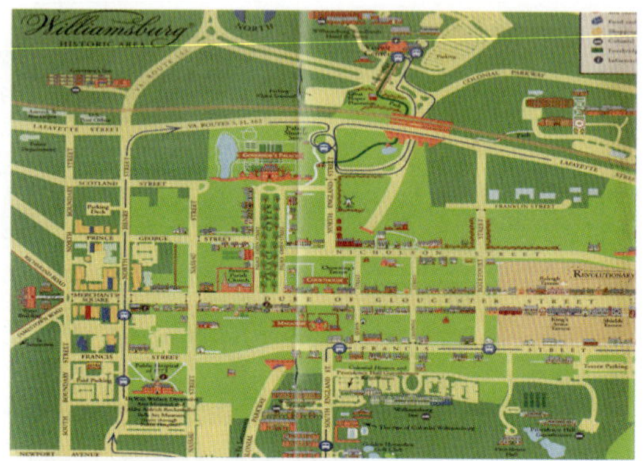

Historic Area, Colonial Williamsburg, U.S.A.

역사적 보존지구내 전통건축물들을 축소된 형태로 그려 그 위치와 정보를 간략히 표시하고 있다. 교회와 같은 공공건축물은 별도로 표기하고 있고, 셔틀버스의 스톱위치, 여관의 위치, 방위표시는 픽토그램으로 지정하고 있다.

원통형지도

도시지구 원통지도

원형지도는 보행가로 상에서 지역을 보다 상세하게 안내하는데 필요한 도면량을 제공하기에 보다 유리하다. 이것은 특정 도시지구를 원통형지도에 담아 안내하고 있어 가로경관을 보다 간결하게 하고, 조형미를 더할 수 있다.

민박지도(民泊地圖)
Map for Private Residence

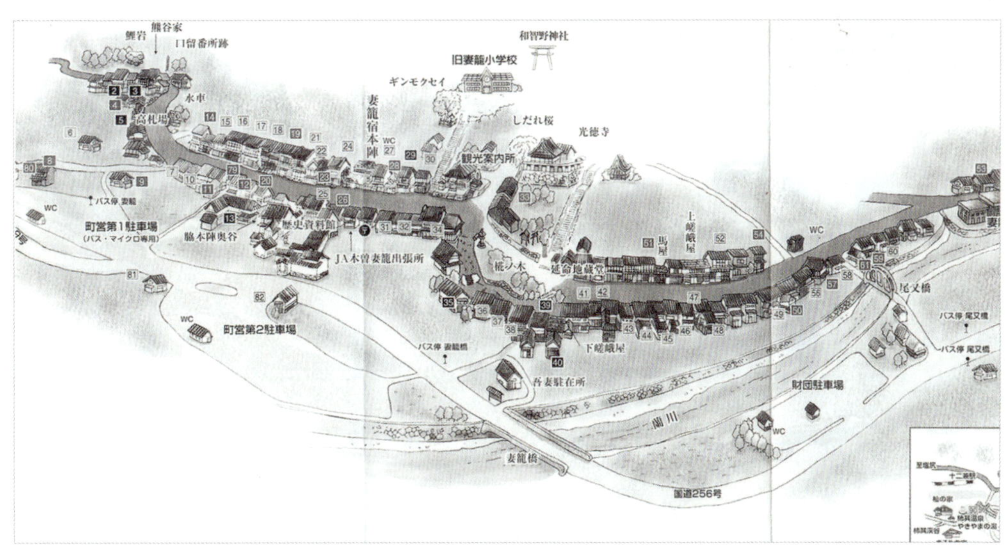

마을의 민박안내지도, 쯔마고(妻籠), 나가노(長野)현, Japan

전통마을의 민가를 숙박시설로 활용하여 마을경제를 활성화시키고 있는 쯔마고마을의 민박지도이다. 각각의 민박집을 번호에 붙여 안내하고 있다. 야간은 호롱불을 밝혀 방문객을 안내하는 전통적 방식을 택하고 있다. 방문객은 민박의 건축공간과 조식, 다도 등의 전통적 생활양식을 체험프로그램을 통해 이해할 수 있다. 마을의 안내지도, 특히 민박집의 안내는 마을주민은 물론 방문객의 선택을 위해 보다 상세한 정보를 제공해야 한다.

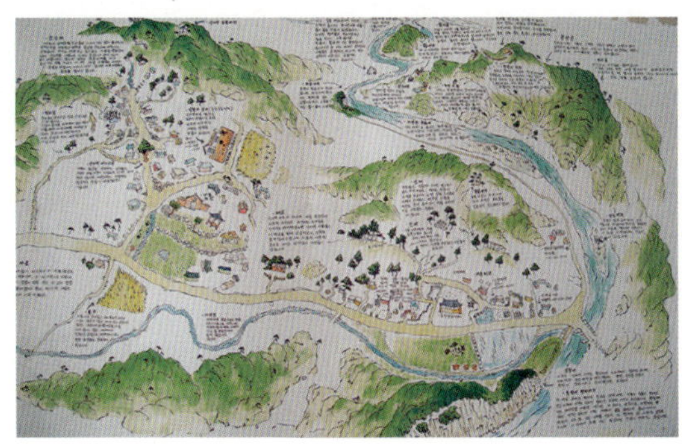

마을의 안내지도, Jinan

마을의 안내지도를 수채화 그림과 펜 글씨로써 정감있게 그렸다. 마치 만화를 보듯 흥미롭게 마을의 이모저모를 들여다 볼 수 있다. 수려한 자연을 배경으로 입지하고 있는 풍성한 자연마을만이 이와 같은 풍경적 경관지도를 그려낼 수 있을 것이다.

타일지도, 류규왕국(琉球王國), Okinawa

마을의 안내지도를 타일로 제작하여 벽면장식요소로, 시설안내도로 디자인하였다. 1879년 오키나와현에 영구히 귀속된 류규왕국의 안내지도를 따라 세계문화유산으로 등록된 전통건축과 문화유산들을 체험하게 된다.

모형지도, Williamsbug

식민지건축을 원형그대로 볼 수 있는 미국의 윌리암스버그(Williamsburg), 마을 전체를 스틸모형으로 제작하여 방문객의 눈높이에 맞추어 당시 마을의 격자형도로, 가로패턴, 주요한 건축물을 한눈에 볼 수 있게 하였다. 선험적으로 마을을 이해하고, 체험적으로 마을 곳곳을 들여다 볼 수 있는 장점을 갖게 한다.

COMMUNITY DESIGN

5

마을만들기와 커뮤니티의 활성화

A Building of Village and Revitalization of Community

마을만들기의 의미(意味)
A Meaning of Village Design

본래 우리의 마을은 산 좋고, 물 맑은 배산임수형의 자리에 입지하여 풍수적으로 온화하고, 마을경관이 수려하며 기후와 풍토를 담은 건강한 마을이었다. 1960년대 후반부터 본격적으로 근대화를 시작한 이후 도시산업화의 가속으로 농촌인구가 도시로 흡수되는 현상이 발생하여 농촌마을의 규모는 인구 감소로 과소화현상을 띠게 되었다. 이어서 공가의 발생, 소득수준의 약화, 영농형태의 변화 등을 야기하므로 도농 간 지역 격차가 벌어지면서 마을은 더 이상 정주지로써 위치를 감당하지 못하고, 정주환경조성을 위한 다각적인 정책에 의존하고 있는데 그 실효는 크다고 볼 수 없다.

2012년 현재 이미 고령사회가 되어 혁신적인 대안 없이는 한 어떤 희망이 보이지 않는 상황에서 뉴밀레니엄의 진입을 전후로, 소위 그린투어리즘Green Tourism이라는 대안이 떠올라 마을을 새로운 개념으로 만들어가자는 운동이 일어났다. 버톰 업Bottom-up방식으로 마을을 새롭게 조성해나가는 것이다.

마을만들기의 새로운 시도라고 볼 수 있는데, 이는 마을주민이 도농교류의 주체로 마을을 만들어가는 방식이 전국적으로 확산되는 계기가 된 것이다. 작금의 경우 민, 관, 학, 산이 연계하여 소위 '녹색농촌체험마을', '전통테마마을', '마을종합개발사업', '농어촌 뉴타운건설' 등의 형태로 다각적인으로 전개되고 있다. 즉, 마을의 자산을 발굴하고 보존하는 동시에 마을의 기반시설조성과 함께 다차원적으로 지역개발이 추진되고 있는 것이다. 여기에는 역량이 강화된 마을주민의 역할이 중요하게 대두되고 있다. 주민들 스스로 마을을 만들어가고, 농외소득을 창출하며, 마을의 고유한 자산을 가지고 어떻게 마을을 지탱하면서 양호한 경관을 유지해야 하는지를 깨닫게 된 것이다. 마을 만들기의 방법과 그 가치에 대한 인식의 전환을 가져온 것이다.

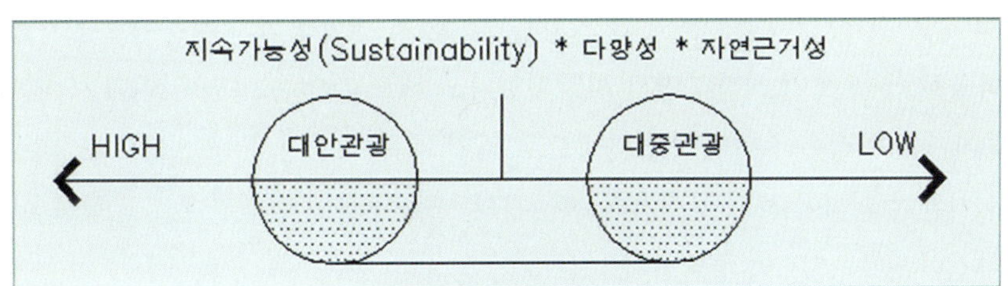

그린투어리즘의 개념도

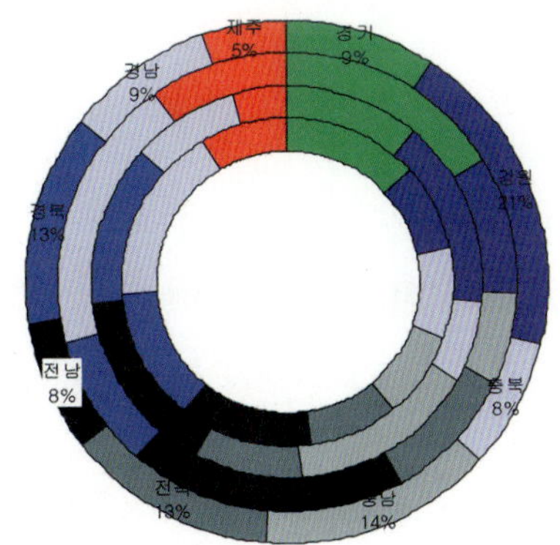

우리나라의 도별 녹색농촌체험마을 현황

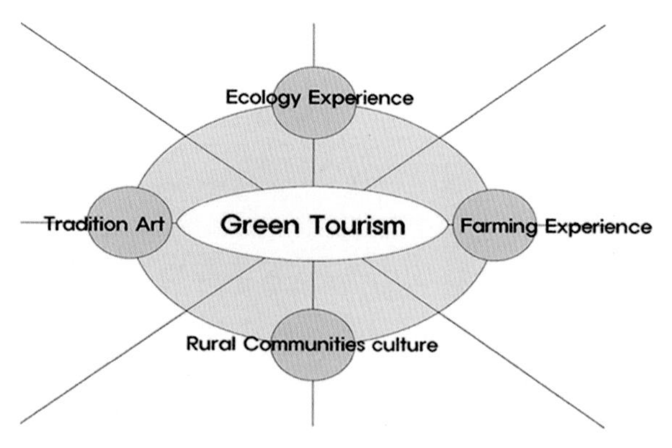

그린투어리즘의 기본적 구성요소 예

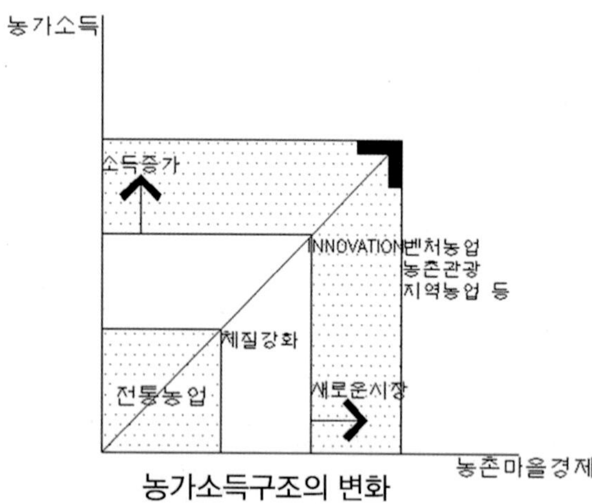

농가소득구조의 변화

우리나라의 마을만들기는 1960대 후반 유럽의 역사마을보전운동(영국의 '역사적 마을의 보전지구제도', 1967), 일본의 마찌쯔꾸리まちづくり와 1촌1품운동 등의 영향을 받아 1차 생산중심의 마을이 2차 가공, 3차 서비스산업 중심의 마을로 눈을 뜨기 시작하면서 시작되었다고 해도 과언은 아닐 것이다.

마을을 만들어가는 과정은 주민참여를 바탕으로 하기 때문에 주민의 힘을 모으고, 역량을 강화하는 것이 무엇보다 기본이 되어야 하고 행정가와 전문가의 도움이 상호 협력관계로 균형을 이룰 때 성공하는 사례가 많아진다.

그 과정을 간략히 단계적으로 살펴보면 다음과 같다.

마을만들기의 단계구성
- 1단계: 마을만들기의 필요성인식과 주민참여
- 2단계: 마을만들기의 기획과 마을종합마스터플랜 계획 및 주민 · 행정가 · 전문가참여디자인
- 3단계: 마을만들기의 실행과 문제점 파악(Feed Back) 및 개선. 도농교류의 환경만들기, 마을의 아이덴티티정립, 운영관리의 효율성제고, 프로그램의 활성화 및 자원봉사자의 활용 등 마을특성에 맞도록 추진
- 4단계: 마을만들기의 활성화와 마을의 정주기반확립

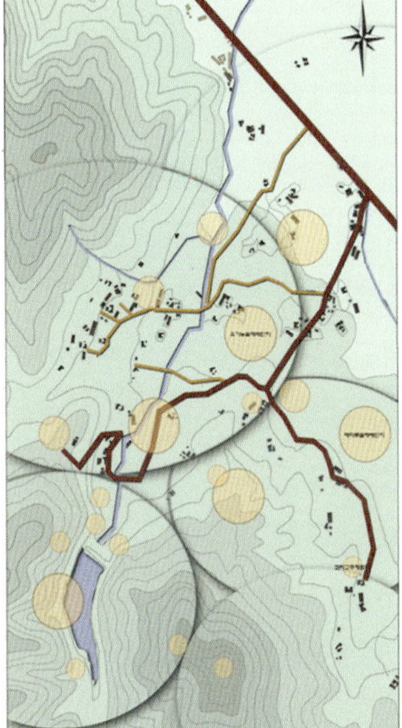

마스터 플랜(수미마을. 당진)

마스터 플랜 모형

수변문화공간조성과 체험사례

1인1촌 전문가의 역할

전문가 집단의 종합컨설팅

전통문화체험(떡매치기 외)

국제교류와 홍보

주민참여 마을지도제작

주민참여디자인방법(住民參與디자인方法)
People Participation Design

주민참여 혹은 시민참가 등의 용어로 자주 사용되어지고 있는 참여디자인의 본질은 사용자 즉 주민(시민)이 직접 디자인에 참여하는 데서 비롯된다. 미국과 영국에서는 참여參加라는 말을 파티시페이션 Participation이라 하며, 독일은 타일라메Teilnahme라는 말로 참여Attendance, 혹은 Taking Part, Joining in 등의 뜻을 담아 사용하는 것으로 보아 주민 혹은 사용자가 디자인에 참여한다는 의미를 갖고 있음을 알 수 있다. 단위 건축물 디자인은 사용자가 디자인과정에 참여하는 것을 의미하며, 도시와 농촌지역과 같은 공공공간을 대상으로 하는 커뮤니티 디자인은 주민참여 디자인Citizen Participation Design으로 이해할 수 있을 것이다. 즉, 거주자가 자기의 건축환경이나 문화, 그리고 자연환경을 직접 만들고 유지하는데 참여한다는 것을 의미한다.

우리나라에 있어서 커뮤니티의 가로경관을 디자인한다거나 재개발할 때 주민(시민)들이 직접 참여하여 디자인하는 것은 아직 무르익은, 일반화된 방법은 아니다. 그러나 서구는 1960년대부터 주민참여 Citizen Participation디자인의 필요성을 제기하고, 실제로 그 실험들이 추진되면서 거주자의 입장에서 보는 커뮤니티 디자인이 얼마나 중요한 지, 즉 엘리트 건축가중심이 아니라 시민(거주자)중심이 되어야 한다는 대전제하에 진행되어야 한다는 것이다.

일본의 경우 1968년 신도시계획법New City Planning Law이 발효되면서 계획과정에 주민들이 참여하게 되었는데 이는 시민의식이 확산, 하나의 운동으로 끄집어내게 되면서 이루어졌다. 그 대상은 우선, 경제개발에 따른 대도시로의 인구이동으로 인한 도시환경의 개선으로부터 시작되었다. 또 한편으로는 낙후된 농촌마을과 도시의 슬럼지구가 대상이 되어 지역이 가지고 있는 잠재된 자산을 활용하여 마을 주민의 참여로 특성적이며 지속가능한 마을만들기를 성공시킨 것이다. 일본의 시민참가 도시계획의 정착단계를 보면 다음과 같다.[50]

1998년에 실시한 일본의 국토교통성의 조사에 의하면 市町村(일본, 행정구역단위)의 마스터플랜Master Plan을 책정할 때 '앙케이트, 시의 소안素案을 알리는 주민설명회住民說明會 등의 종래형 '주민공청회住民公聽會'가 대부분이었으나 시민과 행정 모두 시민참여의 필요성과 가치를 발견할 수 있었다. 관주도에서 시민참여의 움직임을 포착한 것이다. 동년 12월에 NPONon-Profit Organizations법이 시행되었는데 NPO의 활동영역이 법으로 지원을 받게 되었고 시민참여의식이 고조되면서 도시계획시 시민의 참여는 단계적으로 심화되었다고 볼 수 있다.

1) 시민참가 도시계획의 정착단계

주민공청형(住民公廳型) ⇒ 주민협의형(住民協議型) ⇒ 주민발의형(住民發意型) ⇒ 주민참여형(住民參與型)

---

50   Onishi Takashi, 『都市再生の デザイン』, 有斐閣, 2003, pp.77~81.

2) 시민참가 마찌쯔꾸리(まちづくり)

주민주체의 주민참가 도시마을만들기(마찌쯔꾸리)의 대표적인 모범사례 중의 하나가 동경의 세다
가야(世田谷) 마을만들기이다. 시민과 행정의 협력관계로부터 성공하게 된 조직을 보면 다음과 같다.

- 1992년, 주민주체의 마찌쯔꾸리 지원조직으로써 재단법인 세다가야구도시정비공단내 '세다가야
  마찌쯔꾸리센터(世田谷まちづくりセンタ) 설립
- 행정, 주민, 기업의 기부에 의한 공익신탁 세다가야 마찌쯔꾸리 펀드(世田谷まちづくりセンタ
  ファンド)설정(마찌쯔꾸리初心者活動그룹 ⇒ 마찌쯔꾸리活動그룹 ⇨ 마찌쯔꾸리 하우스 ⇨ 마
  찌쯔꾸리 交流活動그룹 단계로 성장)
- 행정이 전문성을 독점하던 형태에서 행정과 NPO와 주민조식이 대등한 입장에서 협동

3) 주민참여디자인의 3가지 축

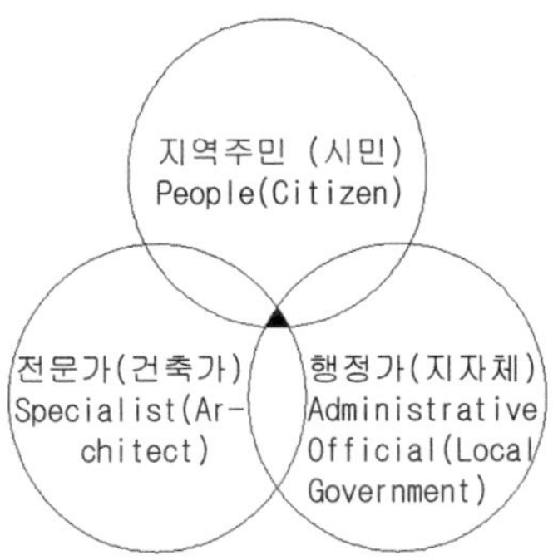

주민참여디자인의 3가지 축(요소)은 지역주민, 전문가, 행정가이다. 주민참여디자인이 안정적이고 지
속가능하게 전개되기 위해서는 무엇보다 이 3가기 축이 균형적으로 움직여야 한다. 종전의 관주도적
디자인방식에서 벗어나 주민스스로가 의견을 제시하고, 계획안을 만들어가며, 의사를 결정하면 바람
직하다. 주민스스로가 디자인할 수 있도록 여건을 마련해주고 협력해주는 자가 바로 전문가(건축가), 행
정가(지자체)의 역할이다.

아직 주민참여디자인방법에 관한 경험이 없는 커뮤니티의 경우 전문가와 행정가가가 마을의 추진
위원회와 함께 주민이 커뮤니티디자인에 참여할 수 있도록 장을 열어주고, 주민의 역량을 강화시켜가
면서 단계적으로 주민스스로 디자인에 참여하는 단계로 진입하도록 해야 한다.

4) 서구의 사용자참여디자인 이론

서구의 경우 사용자참여 디자인의 이론을 크게 3가지로 분류하면서 문제해결 방법에 Rittel[1971],
Alexander[1975], Sommer[1983] 등의 이론이 대표적이며, 디자인의 정보제공 측면에서는 Godschalk[1972],
Maver[1976]. Sewell[1971] 등의 이론을 들 수 있고, 사용자 만족증진의 경우 Bradshaw[1974], Sommer[1983] 등
의 이론이 있다.[51]

특히, 커뮤니티 디자인에 있어서 주민참여방법은 1969년 EDRA[Environmental Design Research Association]의 창

---

51   정무웅 외8인, 『건축 디자인과 인간행태심리』, 기문당, 2009, p.342

립멤버인 헨리 산호프Henry Sanoff교수가 커뮤니티참여Community Participation디자인의 연구분야에 기초적인 이론제공과 프로젝트를 수행하면서 지역주민의 의견, 즉 거주자와 사용자들의 문화적, 실제적 요구를 디자인과정에 반영할 수 있도록 주민의 참여를 강조하였다.

그는 참여디자인의 주요목적을 다음과 같이 정의하고 있다.[52]

5) 주민참여디자인의 주요목적

- 사용자를 계획 및 설계의 의사결정과정에 참여시켜서 결과적으로 그들이 주관기관에 대해 확신과 신회를 갖도록 하고, 따라서 해결책을 모색하는데 있어서 좀 더 정착된 시스템 내에서 일할 수 있도록 하는 것
- 계획 및 설계, 의사결정, 실행, 그리고 전반적인 환경의 질을 향상시키기 위하여 사용자가 계획과 디자인, 그리고 의사결정 과정에서 자기 목소리를 낼 수 있도록 해 주는 것
- 공동의 목표를 공유하는 사람들을 결집시킴으로써 공동체 의식을 증진시키는 것

6) 주민참여디자인의 그룹유형

James L. Creighton은 아겐스Aggens의 주민참여의 궤적을 수정하여 시민들 가운데 참여의 형태와 정도에 따라 6가지 단계로 나누어 정의하였다.[53] 커뮤니티 전체 구성원 중 무관심자나 방관자가 궤적이 크게 보이나 전혀 관심이 없다고 볼 수 없다. 언제든지 참여할 가능성이 있는 것이다. 반대로 현안에 대해 시민의 자격으로 의견을 제시하고, 더 나아가 위원으로 참여하므로 주민의 의견을 반영하는 적극적인 자세를 보이는 그룹이 있다.

주민참여디자인은 주민의 관심과 참여의 기회가 제도적으로 주어지고, 주민 스스로 적극적인 참의가 이루어질 때 합리적이고 지속가능한 디자인 안을 도출할 수 있다.

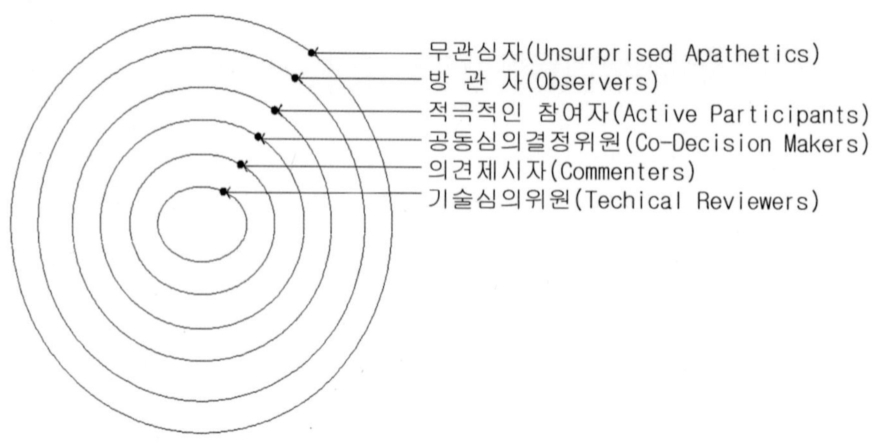

---

52   建築, 『Principles and Purposes of Participatory Design』, 大韓建築學會誌, 2007. 09, p.29
53   James L. Creighton, 『The Public Participation』, Modified Orbits of Participation, John Wilsey & Sons, Inc, 2005, pp. 52~54

시민참여형 지속가능한 커뮤니티 환경만들기 푸른평택21, Pyeongtaek

시민축제, 알뜰나눔장터, 환경지킴, 예체능분야의 경진대회, 모니터링 등을 추진, 시의 지속가능한 환경만들기를 주도해나가고 있다. 시민들이면 누구나 참여하여 프로그램을 직접 구성하거나 유익한 행사를 주관해갈 수 있다.

주민참여형 역사문화 해설봉사, Williamsburg,

영국의 식민지 역사문화마을인 윌리암스버그를 알리고, 원형그대로의 마을을 보존, 개발하기 위해 자원봉사자[54]로 참여하고 있는 형태이다. 그들의 참여로 고유한 마을의 전통 문화가 유지되어 간다.

주민참여형 도농교류체험프로그램운영, 들국화마을, Naju

마을의 체험프로그램을 운영하기 위해 마을대표주관하에 주민회의를 개최하고 있다. 의견을 모으고, 방법을 개발하며, 적용하는 등 도농교류 체험프로그램을 주민 스스로 운영해 나간다.

전문가공동참여(專門家共同參與)

Co-operative Work

라이너 마히아마키(Rainer Mahiamaki)교수는 아름다운 도시경관을 만들기 위해서는 시민과 건축가, 도시계획가, 조경건축가 등이 상호 협업해야 한다고 주장한다. 그의 주장은 당연하지만 현실적으로 원만하게 협업되지 않기 때문에 도시경관은 각각의 주장에 보다 매달려 있는 결과로 조화롭지 못한 커뮤니티를 만들어가는 것이다. 현실적으로 도시개발사업이나 건축행위가 컨설턴트 혹은 건축가, 경우에 따라

---

54 자원봉사자는 역사문화해설 봉사만이 아니라 판매, 가이드 등 여러 분야에서 활동하고 있다. 주로 영접, 오리엔테이션, 겔러리설명, 시설안내, 해설자보조, 선물판매, 이벤트보조, 연구보조, 3척의 배 보존과 항해보조, 작품보관사무보조, 박물관 해설사, 전통의상착용과 안내 기타 다양한 업무보조 등의 활동을 한다. 3교대(4시간씩)로 근무하며, 물품구매 시 약간의 할인혜택을 받는다(http://www.jamestown-yorktown.state.va.us/employment/index.htm).

행정가에 의하여 결정되는 사실을 부인할 수 었다. 커뮤니티가 아름다운 경관과 지속가능성을 유지하기 위해서는 무엇보다 주민의식이 살아나야 한다. 즉 주민(시민)중심의 도시(마을)를 만들어나가야 한다. 그러기 위해서는 전문가(계획가)와 행정가가 주민들에게 다가가 무엇이 필요한지. 무엇을 요구해야 하는지 의견을 주고받아야 한다. 주민역량강화를 위한 커뮤니케이션과 정보의 공유가 필요하다.

이와 같이 전문가와 주민, 행정가와 주민, 전문가와 행정가의 공동참여와 협업은 기존의 도시나 새로운 도시를 특성 있고 지속가능하게 만들어가는 데 있어서 중요한 열쇠가 된다.

Co-operative Work[55]

Co-operative Work 네트워크, 라이너 마히아마키(Rainer Mahiamaki)교수
도시 혹은 마을만들에서 건축가, 시의 건축도시행정가, 도시계획가, 조경건축가, 크라이언트(Client) 등의 협업의 중요성을 강조하고 있다.

전문가의 역할(專門家의 役割)
Expert's Work

마을만들기에 있어서 전문가의 역할은 주민, 행정가, 전문가로 구성되는 3대축의 하나로 하드웨어의 구축과 함께 소프트웨어의 개발에도 전문적 지식과 경험들을 제공해 주어야 하며, 주민들이 마을의 자산과 특성을 살려 고유한 마을만들기와 원만한 마을운영에 자립할 수 있도록 조력하는 데 있다. 따라서 전문가는 주민들과 정기적으로 의견을 교환하고, 경우에 따라 모형으로 아이디어를 제공하며, 마을의 중장기 마스터플랜Master Plan을 3대축에 의지하여 주민과 함께 만들어가야 한다.

우리나라는 '1인1촌 전문가'와 '전문가컨설팅'제도를, 도시에서는 MAMaster Architect, MPMaster Planner제도를 시행하고 있다. 한 전문가가 하나의 마을을 전문분야에 전문지식과 경험을 살려 자문하며 디자인인하는 것이 일반적이나 보다 종합적으로 마을의 건축이나 마케팅부분 등 보다 전문성을 요하는 것들은 다수의 전문가로 구성된 종합컨설팅형식의 지원프로그램이 제공되므로써 마을에 활력을 더하고

---

55   대통령자문선진화위원회, 『심포지움발표자료』, 2007

있다. 문제는 사업중심이기 때문에 지속성이 결여되어 있다는 점이나 행정의 지원이 없어도 내발적으로 성숙되어가는 마을들을 보면 주민과 행정가와 전문가의 역할을 균형있게 유지하면서 도농교류에 성공한 사례가 적지 않게 많다는 것이다. 전문가의 역할은 1회성이 아니라 지속성이 필요하고, 마을주민들은 역량이 강화되어야 한다.

전문가의 역할은 마을의 역사와 문화적 스토리의 발굴, 주택(민박)과 건축물 디자인, 농업 및 생태경관조성, 마을의 환경물디자인, 마케팅과 컨설팅, 도농교류와 마을관광, 주민역량강화를 위한 주민교육 등 복합적인 내용을 갖는다.

사례1) 신규'전원마을만들기'에서의 전문가역할

- 토우베츠마을
- MA역할
- Master Plan 작성
- 건축디자인: 지붕색을 통일한다. 목구조주택과 마을경관과 조화를 이룬다. 벽체의 재료색채, 실내의 재료색채 등은 달리하지만 박공형의 지붕형태와 지붕재료색채를 통일한다.

사례2) 기존'마을 만들기'에서의 전문가역할

- 수미즈(정)마을
- 건축가로의 역할 인근대학 및 학생 참여방식
- 건축리모델링 창고형(갬브렐형) 주택을 개보수하여 기존의 마을경관을 유지하고 내부를 현대식으로 편리하게 개조한다.

전원공간만들기(田園空間만들기)
Building of Garden Area

생활권의 단계구성도를 보면 다음과 같은 수순으로 생활권이 확대되고 있다.

기초생활권(중심지마을) ⇨ 1차생활권(면단위) ⇨ 2차생활권(시·군 단위) ⇨ 3차생활권(광역도시권) 따라서 주거시설을 포함한 제지역시설의 규모나 기능 역시 생활권의 단계에 따라 증가하게 된다. 이와 같이 생활권의 단계에 따라 시설이 계획되어야 하나 종종 건축규모와 기능이 과도하게 확장되었거나 높이가 높아 조화로운 전원공간의 경관을 파괴하는 사례가 적지 않다.

특히, 도시근교에서의 전원공간은 더욱 그러하다. 도시화의 힘이 너무 크기 때문에 도시도 아니고 전원도 아닌 어정쩡한 모호한 지역이 발생하고 있는 것이다. 소위 러번Rurban-Rural + Urban현상지역은 대도시와 중심도시 근교지역의 전원공간에서 많이 발생하는데, 전원공간의 삶의 질과 경관을 조화롭지 못하게 만들고 있는 원인이기도 하다.

생활권의 단계구성도와 러반(Rurban)현상도

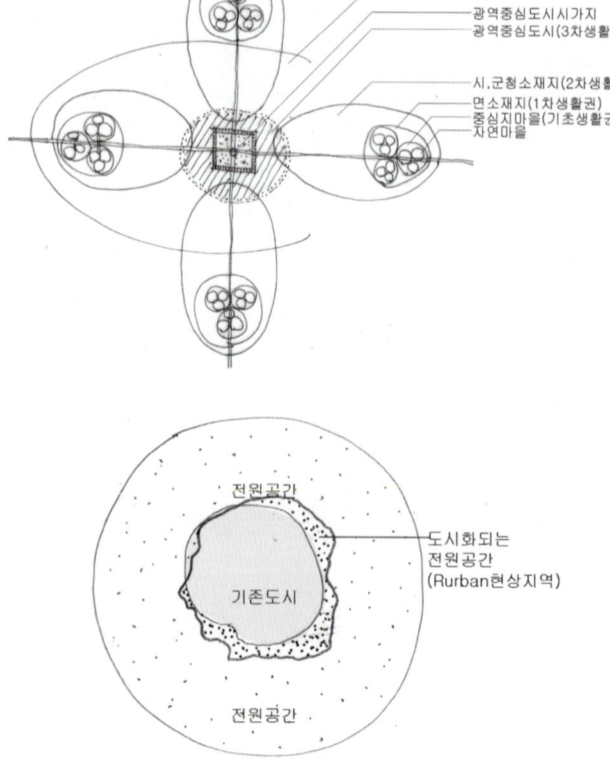

도시근교의 전원주거지 조성

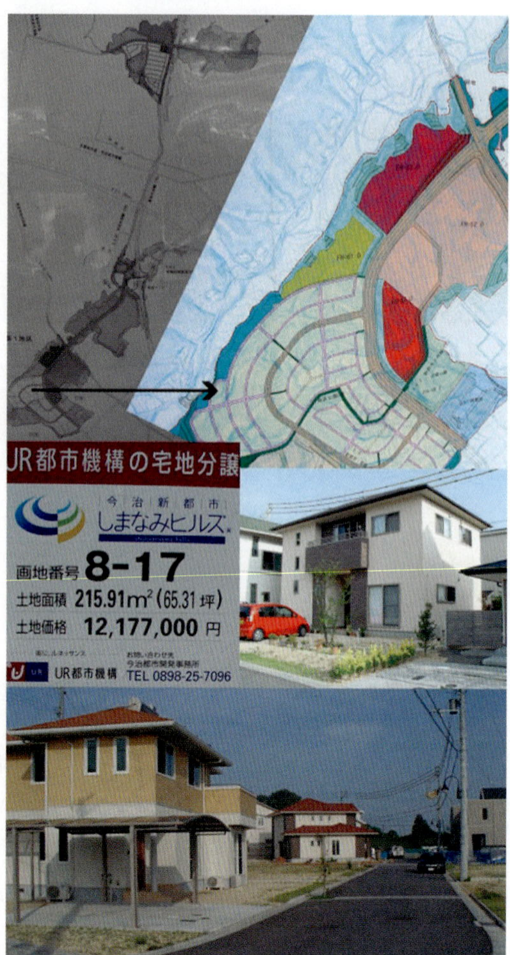

이마바리시 전원주택단지, Eime

일본의 도시근교지역 역시 우리나라와도 같이 농촌전원공간을 도시주거가 잠식하는 러반Rurban현상으로 아름다운 경관을 어지럽게 만드는 문제를 담고 있다. 일반적으로 전원공간에 있는 전통주거지는 전통적 보존지구의 보존을, 일반농촌지역의 마을은 주로 전통주거에 기초하여 건축한 개량형 목조주택을 보급였기 때문에 자연과 경작지를 배경으로 커뮤니티의 거주환경과 양호한 마을경관을 형성하고 있다.

그러나 대부분의 도시근교지역에서는 이러한 문제점을 해소하고 지역의 균형적 발전을 도모하기 위하여 전원공간을 활용하여 소규모 주거단지를 개발하는 사례가 많다. 저층 임대주택 혹은 단독주택을 모델하우스로 개발하여 보급하고 있다. 주거단지 역시 아름다운 전원지역과 농경지를 배후지역으로 개발하였기 때문에 쾌적한 주거환경을 유지하는 장점을 내포하고 있다. 새로운 커뮤니티 조성은 지구단위계획과 주민참여에 의한 전원공간만들기 차원에서 지속가능한 거주환경에 적합하도록 접근하고 있다. 도시와의 접근성, 전원형 주거단지의 쾌적한 거주환경, 상대적으로 저렴한 주거비 등을 고려하면 도시 출·퇴근자나 은퇴자에게 매력적 요소가 되기에 충분하다.

도시근교의 전원주거지 조성

North Logan, Utah

도시전체를 단면적으로 그려볼 때 도시중심의 상업지역, 주거지역, 그리고 전원지역으로 도시공간이 짜여 있음을 알 수 있다. 자연을 배경으로 아름다운 스카이스케이프Sky Scape를 형성하고 있어 아름다운 원경관을 조성해내고 있다. 특히 석양의 조망권을 확보하기 위해 농경지와 산이 만나는 경계부의 경사지에 새로운 전원주거지가 발달하고 있는데, 기압에 의해 형성되는 겨울철 스모그를 피할 수 있는 위치는 지가에도 영향을 주고 있다. 전원생활자와 은퇴자주거에도 매력을 주고 있다.

커뮤니티의 리모델링
Remodeling of Community

1970년대 이전의 농촌과 1980년대의 농촌, 그리고 작금의 농촌공간을 가시권분석과 근접경관분석을 병행하여 살펴볼 때 통째로 변화된 풍경이라고 말해도 과언은 아니다. 전통적 요소는 남아있으나 회복하기 어렵고 지형적 경관미는 아름다우나 마을경관은 부조화로운 현상들을 지적하지 않을 수 없다. 농촌주택을 포함한 농촌마을과 전원공간의 통합적 리모델링Synthetic Remodeling이 필요한 시점이다. 왜냐하면 전통미의 상실이 아니라 정체성의 상실이 크기 때문이다.

농촌지역의 경관훼손요소와 그 가능성이 높은 지역, 그리고 경관이 보다 양호한 지역 등을 종합적으로 파악하고, 경관관리요소 및 경관관리구역을 설정하여 농촌마을경관 리모델링_{Remodeling}을 위한 계획기준을 마련하는 것부터 시작해야 한다.

우선, 공간적 범위로 보아 최소단위로 마을단위의 리모델링부터 생활권의 단계별로 확대하여 농촌공간전체를 범위로 설정해가면 좋다. 마을단위의 경우 마을입구부터 마을내부 골목길에 이르기까지 그 범위를 설정할 수 있다. 흔히 마을경관을 조화롭지 못하게 하는 요소들로 개선대상이 될 수 있는 것들을 정리하면 다음과 같다.

1) 마을단위 경관조성을 위한 리모델링 요소들

- 건축물: 재래전통목조주택(노후화문제), 공가, 서구형 현대주택, 마을공동창고, 마을회관, 대형우사 등
- 도로: 콘크리트 마을안길, 연락도로, 골목길, 복개도, 배수구, 다리 등
- 시설물: 버스승강장, 전선주, 마을정자 등
- 사인: 마을표시판, 안내판, 문패 등

2) 농촌공간단위의 경관조성을 위한 개선의 요소들

- 고층 임대아파트의 난립개선
  - 농촌지역의 지형이라든가 스카이라인(Sky line)을 단절하는 불쾌한 아이스톱(Eye Stop) 문제를 개선한다.
- 무분별한 조립식 창고건립과 난립의 방지
  - 지가상승을 목적으로 한 부동산투기의 일종을 방지
- 아이덴티티를 상실한 농촌주택의 리모델링 필요
  - 다양한 유형의 현대 농촌주택의 설계 및 시공에 대한 개선을 위한 대안마련의 필요
  - 고채도의 원색을 사용한 건축물의 지붕개선 및 재료개발
- 도시시설정비에 따른 농촌지역의 잠식문제의 해결
- 마을안길과 연계된 국도와 지방도로, 마을의 꽃길조성
- 농업경관창출
- 사인정비 등

3) 마을경관을 조화롭지 못하게 하는 요소들(개선 혹은 리모델링 포인트)

도시근교 고층임대아파트(건축물의 높이)

산촌의 고채도 펜션(재료와 고채도 색채사용)

마을안길 포장과 갓길(콘크리트재료, 안전)

조립식 주택과 담장(담장 및 고채도지붕)

마을공동창고와 축사(Mass크기와 고채도 지붕)

버스승강장(행태디자인과 재료)

마을회관과 전기선(형태디자인과 안전)

안내간판과 사인류(사인디자인)

마을의 리모델링
Remodeling of Village

1970년대 초부터 지금까지 마을의 물리적 환경과 주민 삶의 질을 개선하기 위해서 취락구조개선, 지붕개량, 주거환경개선, 표준주택모델개발, 체험마을, 전원마을 및 뉴타운조성 등 그야말로 다각적으로 여러 정책들을 시도하여왔던 것이 사실이다. 이와 같이 마을의 공간구조와 주거 생활환경개선은 여러 사업들로 진행되어 왔지만 주민들이 주체가 되어 참여하는 마을의 개선운동은 2000년 전후로 활발히 전개되고 있다. 가장 두드러진 사업 중의 하나는 마을의 경관자원과 유무형의 자산을 활용하여 도농교류를 기반으로 진행하고 있는 체험마을의 전국적 실시라 볼 수 있다.

도농교류형 체험마을은 단순히 물리적인 마을 및 주거환경의 개선차원만이 아니라 마을의 어메니티의 창출과 소득수준을 향상시키는 결과를 낳아 마을단위뿐만 아니라 농촌지역 전체의 공간디자인의 필요성을 가져왔다. 커뮤니티의 고유한 특성과 주민참여디자인방식의 마을리모델링은 마을개발과 보존의 균형적 가치를 담아 새로운 패러다임으로의 전개를 가져왔다. 고령사회로 마을성립의 기본요건이 열악함에도 불구하고 이에 부합하는 성공적 케이스가 적지 않다.

여기서는 2006년에 '녹색농촌체험마을(농림수산식품부)'과 2008년 '맛체험마을(전라북도)'로 지정받은 고창군 부안면 송현리 안현 돋음별마을을 대상으로 살펴보면 다음과 같다.

1) 마을의 리모델링 수법: 벽화그리기로 마을공간 및 환경개선

녹색농촌체험마을과 맛 체험마을을 동시에 실시하고 있는 안현 돋음별마을은 마을의 환경을 리모델링하기 위한, 마을이 가지고 있는 문학적 시어 '국화 옆에서'를 주제로 벽화그리기수법을 활용하고 있다.

- 제1주제 설정: 국화

  지역출신의 문학인, 미당(未堂) 서정주시인의 무형문화적 가치를 발굴, 활용한 '국화'라는 마을이 담고 있는 문화적 이미지를 설정하였다.

- 제2주제 설정: 사람

  마을의 주민을 대상으로 벽화의 주제를 삼았다는 것은 기존의 추상미술이나 유명인의 틀을 벗어나 마을이 가지고 있는 평범하면서도 가장 소중한 주제를 발굴하였다는 데서 그 의미가 크다.

- 마을공간의 재정비

  담장, 지붕, 창고, 정자, 마을광장, 꽃길, 사인(Sign) 디자인 등을 재정비하고 건축(주택과 담장)의 수직면과 경사면을 화선지로 삼아 꽃으로, 인물로 장식하므로 마을공간을 재정비하였다.

  ※ 도시에서 흔히 볼 수 있는 '담장 없애기'가 아니라 담장을 재정비하여 벽화를 그리기 위해 골목길과 함께 '담장 살리기'로 마을공간을 리모델링하고 있다.

- 체험마을운영: 마을 주변의 관광지(청보리밭, 고창고인돌유적지, 선운산도립공원, 고창읍성, 해변)와 네트워크를 이루며, 마을의 맛 문화요소와 결합, 독특한 관광체험마을로 성장하고 있다.

2) 마을의 리모델링 요소

마을전경 미당문학관의 창에서 본 마을원경, 픽쳐후레임_{Piture Frame}으로 보여지는 마을의 모습은 전형적인 일반 마을의 배치구조를 하고 있다. 중경과 근경으로 접근하면 마을의 리모델링에 따른 마을공간과 디테일을 볼 수 있다.

지붕벽화

재래전통목조주택 위 국화벽화, Gochang Country

개량형조적조주택 위 국화벽화

담장벽화

시멘트벽돌담장몰탈 마감 위

국화벽화 미당

서정주의 '국화 옆에서'시가 붓글씨로 쓰였다. 방문객들이 감상
하는 포인트이다.

인물벽화

시멘트벽돌담장몰탈 마감 위 인물벽화

마을의 주민이 벽화의 주인공이다. 대상의 설정이 가장 소박하다는 평
가를 받고있다. 마을의 매력을 나타낸 것으로 내셔널 지오그래픽
(National Geographic) 잡지를 비롯한 각종 언론에 회자된 바 있다.

미당선생과 관련하여 마을공동시설위에도 시어, 인물, 국화라는 소재를 활용, 벽화를 그리고 있다. 마을공동시설은 방앗간, 미당문학관(폐교 리모델링, 그림, 좌), 마을회관, 주차장 등이 있다.

전통의 회복(傳統의 回復)
Restoration of Tradition

일반적으로 지역에 정착하여 사는 주민들의 직업은 지역특성상 주로 상업이나 공업, 기타 서비스직종에 종사하는 자들이 사는 공간적 범위를 도시지역이라 하고, 농사를 짓는 사람들이 모여 사는 마을을 통합하여 농촌지역이라 구분할 수 있다. 그러나 자동차와 교통이 발달하고 일일생활권이 좁혀졌기 때문에 도시를 벗어난 전원지역에도 도시민이 거주하기 쉽고, 반대로 도시 아파트에 살면서 농민인 경우도 발생하고 있어 구분이 모호할 때가 있다.

따라서 도시지역과 농촌지역 간에는 도시근교라는 전원지역이 존재하고 있음을 알 수 있는데, 여기에 혼주하여 사는 자들의 주거는 재래전통목조주택, 서구형전원주택, 조적조주택 등 매우 다양하다. 그러므로 주택이나 마을경관이 전통성과 현대성, 혹은 무국적성이 혼합된 패턴으로 나타나기 때문에 더더욱 전통미에 대한 회복의 필요성을 갖게 하고 있다.

전통미는 크게 두 가지 개념으로 접근할 수 있다. 첫째, 전승傳承의 개념이다. 즉, 순수하게 전통 그대로를 답습하고 재현하는 것이며, 둘째 전통傳統의 개념으로 전승하기에는 시대에 맞지 않아 시대정신에 맞게 창조적 변화성을 담아 재창조하는 것이다. 문제는 현재, 도시 외의 지역에서 전통주택보다는 서구의 변형된 주거양식이 너무 많이 유입되었기 때문에 주택에서의 전통미가 잠식되는 현상이 대두되었다는 것이다.

이러한 현상에는 다음과 같은 건축행위가 자유롭게 공존하기 때문이다.

- 지역의 역사와 문화를 바탕으로 전통적 개념을 존중하며, 마을과 주택을 통합하여 유지하고 보존하는 질서의 건축행위(기존마을)
- 지역성과 농촌문화와는 별도로 생활의 편리성과 도시접근성 등을 고려하여 마을과 주택을 합리적으로 계획하여 건축하는 건축행위(계획마을)
- 건축가와 시공자에게 의뢰하여 설계하는 건축행위(단위건축)

마을과 주택에 있어서 전통미의 상실로 나타나는 혼주현상을 다양성과 생활양상으로, 낙관적으로 해석하는 경향도 없지 않다. 그러나 서구의 제 나라와 일본의 경우만 보더라도 양식적 통일성과 재료의 통일성을 반영하고 있어 독특한 특징을 보여주고 있어 저마다 양호한 마을경관을 갖고 있다는 것이다.

마을에서의 주택은 재실자의 생활을 반영하여 설계되어져야 한다. 개인의 주택이란 단독으로 위치하는 것이 아니라 공동체로 배치되어야 한다는 개념과 제각기 현대적 재료를 사용하는 것이 최소한 지역적 재료를 우선적으로 활용할 것, 그리고 현대적 재료사용이라 하더라도 공동체와 구별되지 않게, 일관성 있게 배려할 것 등 부분과 전체의 조화라는 군집적 개념이 필요한 것이다.

종합적으로 보면 '마을과 주택'을 동일시하는 개념에서 전통미의 회복이 가능하다는 전제 아래 다음과 같은 건축방식을 고려할 수 있을 것이다.

- 전통건축 재현방식(한옥건축)
- 지역적 재료와 전통적 구법을 기반으로 현대 생활상을 반영하는 개량방식
  (개량한옥건축 및 민가의 리모델링)
- 현대건축의 전통적 재해석방식(현대주택건축)

기존마을의 신한옥건축

행복마을56–신한옥건축, 약곡마을, Jeollanam–do
- 기존마을 정비형: 한옥신축을 10호 이상, 집단화 조성
- 신규단지형: 한옥신축을 20호 이상 전세, 대 집단화 조성

한옥만으로 주택을 개량하고, 마을 상·하수도 및 회관, 진입로, 안길, 주차장 등을 확보한다(전남 도청).

크라인가르텐-주말농장주택, 새둥지마을57, 연천, Gyeonggi-do

체재형(별장형)주말농장주택이다. 12평형 박공형목조주택이다. 유럽식목조주택으로, 친환경 웰빙주택으로 모듈화주택과 합리적 배치방식으로 건립되어 연단위로 분양하고 있다. 체험마을과 팜스테이마을을 운영하고 있는 마을에 소득원이 되고 있는데, 전통미보다는 현대인의 생활과 주거체험에 중점을 두었다.

마을의 표준주택(標準住宅)과 리모델링

Standard Model House and Home Remodeling in the Village

표준주택은 1970년대 새마을운동시 집단계획마을주택보급과 농촌마을주거 환경개선, 그리고 취락구조개선을 위해 개발한 것이었다.[58] 1990년대는 농촌마을의 정주환경조성차원에서 비농가(도시출퇴근자)를 포함한 문화마을을 시범적으로 건립하였다. 최초로 건식표준주택을 개발한 것이다. 이는 기존 습식표준주택 및 조적조 평슬래브Flat Slab주택과 함께 전통주택으로부터 완전히 벗어나 새로운 주거의 장을 열게 하는 일대 혁신이었다. 입식패턴과 거실중심의 주거공간기능, 서구적 주택입면형태, 신재료 및 색채 등의 차이는 마을경관의 변화에도 영향을 주어 현재까지 혼주적 양상을 띄고 있는 것이 사실이다.

2010년대는 군단위에 농어촌뉴타운을 건립하여 귀농 도시민을 유치하기 위해, 주거환경의 질을 개선하고자 신규 표준주택을 개발하였다.[59] 물론 지자체별로 지역경관 개선을 위해 표준주택을 개발하는 사례도 찾아 볼 수 있어 근대화로부터 시작된 우리나라의 농어촌 표준주택개발은 주거환경의 질 개선뿐만 아니라 마을경관에도 적지 않은 영향을 미치고 있다고 볼 수 있다.

1970년대의 블록조 표준주택(습식)

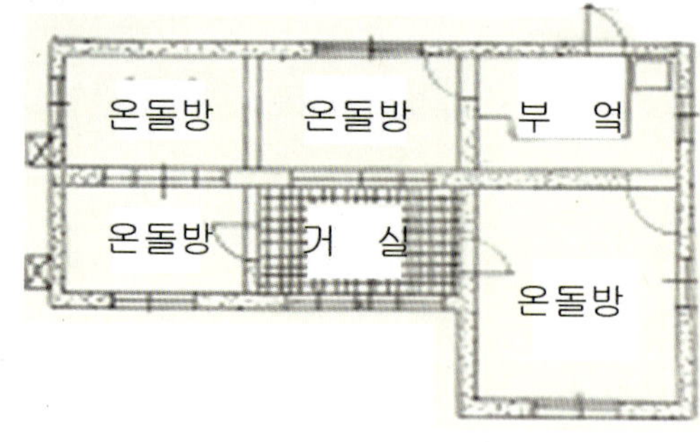

---

57   http://www.gumiri.com
58   내무부 농촌표준주택 모델 참조(http://www.ekr.or.kr)
59   한국농어촌공사, 『농어촌표준주택』 설계도서 참조

1990년대의 ALC블럭조 표준주택(계룡)

2000년대의 표준주택(스틱하우스, 건식)

2004년, 부안군표준주택설계안[60]으로 건축한 주택

변산반도의 해안관광경관을 고려한 경관주택이라고 볼 수 있다(좌). 우리나라 마을의 주택구조에 있어서 약 50% 전후를 차지하는 평 슬래브주택이다(우). 기능주의 주택으로 공간의 활용이나 기후와 풍토를 감안할 때 주민이 선호하는 주택 중의 하나로 이해할 수 있으나 고유한 마을경관에 어울린다고 볼 수 없다. 위 그림은 필자가 경관을 고려하여 개선안을 제시한 것이다.

---

60 부안군청, 『부안군경관주택표준설계도서』, 2003

주택(住宅) 리모델링을 어떻게 할 것인가 ?
How to do Remodeling of Houses?

1) 주택의 주요양식별 구성비

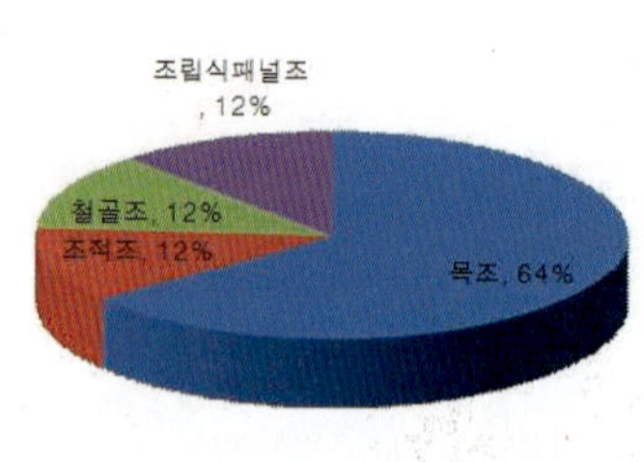

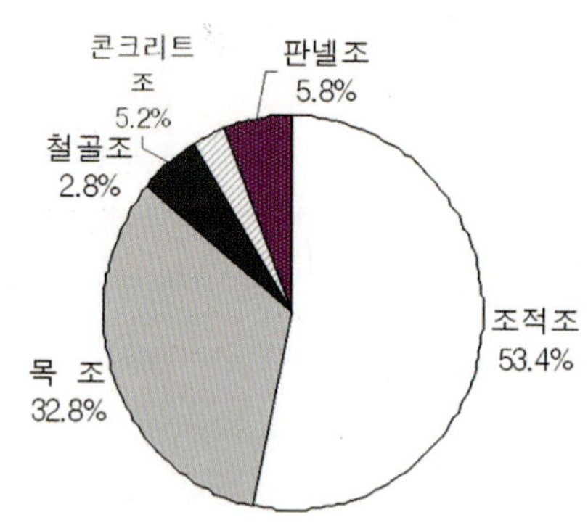

2) 구조형식에 따른 분류

주택의 구조형식은 조적조, 목조, 콘크리트조, 철골조, 조립식패널조 등으로 구분할 수 있다. 이중에서 조적조(53.4%)와 목조(32.8%)가 대표적 주택양식이다.[61] 일반마을로써 상주녹동마을을 조사한 결과[62] 재래전통목조주택, 목조주택은 64%로 나타났다.

아직도 소위 목조인 재래전통주택과 조적조인 평 슬래브주택이 많다는 것이다. 이것은 마을의 경관과 색채에 있어서 중요한 현실적 단서가 되는데, 재래전통목조주택이 노후화되어 점점 사라지거나 공가로 남아있는 사례는 향후 우리나라 마을의 경관변화의 가능성을 단적으로 보여주고 있어 마을경관과 색채의 고유성보다는 서구화되어가는 경관모방디자인의 위험성에 노출되어 있다.

재래목조전통주택은 우리 마을의 고유한 경관을 유지시켜주는 열쇠이다. 이를 어떻게 리모델링할 것인가를 고민하는 것은 단위주거환경개선뿐만 아니라 전통미를 담은 마을의 경관형성에 절대적 요소가 된다.

재래전통목조주택

밝은세상마을내 목조주택, Pyeongtaek

재래전통목조지붕으로, 지붕을 시멘트기와로 개량하였고 나머지 부재는 그대로 활용하고 있다. 약 100년 된 민가이다. 소박한 민가이나 마을경관의 중요한 요소로 작용하고 있다.

---

61   포항산업과학연구원, 『농어촌주택 실태조사 연구』, 2002, p.90

62   경북 상주시 이안면 녹동마을 농촌주택의 구조유형별 구성비를 실태조사 한 것이다.

물안마을: 산간마을, Chuncheon

평슬래브주택에 눈썹지붕을 올린 벽돌조주택이다. 대표적인 기능주의주택이다. 기후적으로 바람에 강한 지역에서 볼 수 있는 주택이나 공간구성 및 단열성능에 유리한 것으로 무작위 복제되는 주택 중의 하나이다. 그러나 이로 인한 마을경관을 비관적으로 볼 필요는 없다. 개선이 가능하기 때문이다.

배꽃향기마을, Ansung

스틸하우스로 전원주택이다. 서구식주택과 정원을 취하고 있다. 골조나 재료 사용에 있어서도 지붕재로 아스팔트쉥글, 벽마감재로 비닐계 사이딩패널 및 인조석붙임, 시스템창호 등을 사용하였다. 주택이 자연과 부조화가 아니라 흔히 볼 수 있는 서구식 주택의 모작으로 우리 커뮤니티 경관에 새롭게 삽입되었다는 점에서 리모델링 연구가 필요하다. 도시로부터 접근성이 양호한 산지나 해변지역에 펜션사업으로 마을을 형성하는 현상은 마을경관에 또 다른 변화양상이다. 우리의 마을경관에 어떻게 수용해야 할 것인가를 고민해야 한다.

마을재생(마을再生과 歸農-마찌나미 保存地區 타케도미마을의 景觀保存을 中心으로)

Renewal Building and Returning of Village focused on Taketomi in Japan

1) 마을의 개요와 재생의지[63]

타케토미는 일본의 최남단의 죽부정竹富町내 섬마을이다. 세키세이쇼코石西礁湖의 산호초 섬이며, 역사적인 야에八重산 지역의 거점이요 현재, 관광산업이 육성되고 있는 섬이다. 오키나와를 거쳐 이시카키石壇섬과 니시오모테西表島섬 사이의 대 산호초지역에 입지하고 있으며, 이시카키섬에서 배편으로 접근해야 하는 오지의 어촌마을이다.

위치적으로 보면 북위 24도, 동경 24도에 위치하고 있다. 섬 주위가 9.2km, 면적 5.4㎢, 세대수 132가구, 인구 286명(남자 139명, 여자 147명-2006년 인구증가 6명), 민박 11집, 토산품점 6곳, 식당 찻집

---

63 정건채, 『일본 마찌나미 보존지구 타케토미마을(竹富島)의 경관활용실태에 관한 사례연구』, 韓國農村建築學會論文集 제10권 3호 통권30호, 2008.08, pp. 1~2

6곳, 소 229두, 수우 17두, 산양 40두, 닭 118마리, 개 32마리, 다수의 고양이, 수우차 10대, 배 18척 등 농어업을 중심으로 관광산업을 병행하는 마을경제의 특성을 띠고 있다.

타케토미는 일본에서 24번째로 국가가 지정한 중요전통적 건조물군 보호지구이다. 독특한 마을경관의 보존과 함께 관광마을로 재탄생하였는데, 도시로 나갔던 청년들이 U-Turn하여 마을이 재생되기까지는 마을주민의 공감과 참여가 절대적이었다.

2) 마을의 투어리즘육성과 귀농정책

마을의 중점 사항은 농사보다는 투어리즘의 육성에 보다 치우쳐있다. 마을이 논농사와 밭농사 위주로 영농형태는 있으나 오히려 관광소득에 집중하고 있는 것이다. 1999년 조사에 의하면 비록, 사망자 평균연령이 93세이며 현재, 전인구 286명중 65세 이상이 96명이고 120세대가구 중에서 노인만 거주하는 세대는 33세대로 나타났다.[64]

역시 마을은 고령층이 많지만, 20여년동안 투어리즘을 육성하는데 보다 노력해왔기에 지금은 일반적으로 일본에서도, 오키나와沖縄현보다 더 건강장수촌으로 알려져 있고, 소득이 증가하고 있어 최근에는 이 마을 출신의 도시청년들이 타케토미 관광농어촌의 매력과 전원생활의 영위를 위해 유턴하는 사례가 늘어나고 있다는 보고가 있다.

귀농의 희망적인 사례가 아닐 수 없다. 귀농정책이 자연스럽게 내발적으로 야기된 것이다. 마을의 투어리즘육성의 성공적 이유를 보면 다음과 같다.

● 숙박과 음식 등 관광의 전반적 요소들이 소위 그린 투어리즘이라는 틀 안에서 체계적으로 조직화되어 있다.

● 마을 전체와 각호의 부분들이 전통미의 복원 상 잘 조화를 이루고 있을 뿐만 아니라 관광과 마을 규약에 관한 인적 협력 및 협업관계도 규칙에 따라 질서정연하게 진행되고 있기 때문이다.

● 관광객을 맞이하는 투어리즘 관련업자들은 일정한 룰에 따라 방문객을 영접하게 되며, NPO를 활용하여 마을자산을 발굴하고, 종합적으로 지원을 받고 있다.

※ NPONon-Political Organization들이 전국단위로 지원하여 자원의 발굴과 관광안내 등으로 지원하고 있으나 주로 오키나와의 젊은이들이 참여하고 있다.

● 비지터센터의 관장과 같은 전문 해설가, 전통악기 연주가, 주민자치회 등이 참여하는 전형적인 조직적 투어리즘의 체계성을 갖고 있는 것도 하나의 성공적 요인이다.

3) 타케토미 마을의 5가지 개념적 가치의 형상화

'맨발로 느끼게 한다'는 것이다.

아주 간단한 일상생활로부터 가치를 얻고자 하는데, 그 5가지 개념을 보면 다음과 같다.

● 섬의 자연과 문화를 체험한다.

● 섬 짚신을 신고 모래 길을 걷는다.

● 섬사람 가이드로부터 섬의 일상생활을 들어본다.

---

64   『琉球新報』, 1999.

- 우리 집 툇마루에서 할아버지, 할머니와 수다를 떤다.
- 역사, 민속을 배운다.

4) 마을보존의 5원칙[65]

타케토미마을 헌장은 죽부공민관竹富公民館 주관으로, 주민참여로 제정되었는데, 무엇보다 아름다운 섬의 자산을 '보전하고', '가꾸며', 외부자금으로부터 '지키는'데 초점을 두고 있다. 타케토미 마을의 전통문화보존과 재 발굴로 관광자원과 연계하는 마을 만들기 5원칙은 다음과 같다.

- 섬에 다리를 놓지 않는다.
  - 종족을 보전하고 고유한 전통과 문화를 유지하기 위해서가 첫째 이유이고,
  - 편리성을 위해 다리를 놓으면 도시로부터 쉽게 오염되기 때문이 둘째 이유이다.
- 땅을 도시사람에게 팔지 않는다. 이것을 마을의 규약으로 삼고 있다.
- 전통적 마을구조로 복원한다.
  - 보전영역(保全領域), 생활영역(生活領域), 생산영역(生産領域)에 의해 구성한다.
  - 섬 중심에 마을이 위치한다. 마을을 둘러싸고 방풍림을 심는다. 커뮤니티영역을 마을 한 중앙에 위치시킨다. 마을 경계로 환상도로를 설치하여 관광객들로 하여금 마을을 통과하면 동네 한 바퀴 돌고 밖으로 나갈 수 있도록 유도한다. 마을 환상도로 넘어 경작지를 배치하고, 다시 섬 전체를 막아주는 방풍림을 조성한다. 그리고 산호로 둘러싸인 백사장과 해변에 이른다.
  - 마을안길은 모래를 깔아 걷거나 자전거 길로 관광 요소화 한다. 자전거 대여료는 유료이다(시간제, 종일제)
  - 자연재해에 대비해 지혜를 모은다. 주택들을 배치하지 않고 섬 중심에 모아 마을을 형성 한다.
- 재래전통주택을 이용하여 민박을 운영한다.
- 유무형의 전통문화유산을 계승한다. 돌담, 붉은 기와주택, 종자축제, 전통음악, 전통무용 등

5) 마을의 재생전후와 위치도

---

65   『竹富町民憲章』, 1986

 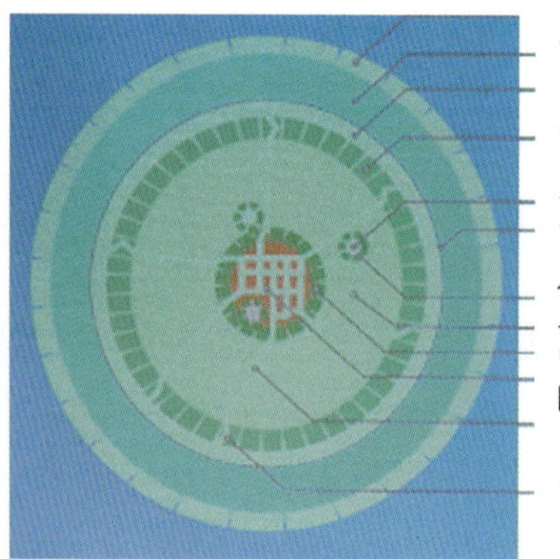

6) 재생된 마을의 주요 관광자원

붉은 기와주택 오키나와현내 유일한 마찌나미(町並み)

보존지구로, 원풍경이 남아있는 곳으로 주택의 지붕을 지역색인 붉은 색 기와로 통일하여 독특한 마을경관을 만들어내고 있다. '힌푼'이라는 가림벽을 두어 프라이버시를 존중한다. 이러한 주택의 구조는 마을의 경관구조를 유지하는데 중요한 요소가 된다.

7) 마을의 공공디자인

마을안길 정비

맨발로 마을길 걷게 하기 위해 본래의 마을길인 '백색의 모래'를 깔아 재정비하였다.

마을담장 정비(좌), 간판정비(우)

마을의 전통적 요소 중의 하나인 도로 양편의 석담을 정비하였다. 한편, 간판은 컴퓨터 그래픽을 부분적으로 사용하고 있으나 수공예로 제작, 디자인하여 정감을 느끼게 한다.

마을화단 정비

4계절을 느낄 수 있는 화단 만들기를 위해 각 가정의 화단은 물론 마을화단을 자생식물로 가꾸어 나간다.

마을 산호초층 보호

산호초 층을 어떻게 보호하느냐가 매우 중요하다. 마을주민과 생태계의 생명보호에 필요하기 때문이다. 산호초가 해일과 같은 해수의 범람을 스펀지와 같이 완화시켜 주는 역할을 하기 때문에 지금까지도 큰 피해가 없는 것을 알게 되면서 마을의 형성도 바닷가 주변이 아니라 섬의 중앙으로 집중시키는 구조를 갖게 되었다. 자연재해에 대응한 지혜로 여길 수 있다. 자연과 인간이 공생하는 법칙을 교육하는 생태체험공간으로써 관광과 연계시키고 있다.

8) 마을의 토지관리

토지를 도시사람에게 팔지 않으면 '마을의 고유한 경관을 유지한다'는 신념으로 주민규약을 만들었다. '만일 팔 경우가 발생하면 공동으로 자금화하기로 한다.' 죽부헌장의 제정 배경도 이와 같은 맥락이다.

마을민박 지정(좌), 수우마차 운영(우)

체류형관광을 유도하고 마을 방문객들의 숙식을 제공하기위해 민박을 지정하여 운영하고 있다. 전통다다미방을 이용하면서 자체재배 농산물과 수산물로 조식을 제공하여 고유음식문화를 느끼게 한다. 마을 전체를 돌아보기 위해 자전거를 유료로 대여하므로 편리성과 경제성을 도모하고 있다.

마을의 공공시설 비지터센터(竹富島ゆがふ館)

방문자의 관광 안내, 마을의 역사와 문화자료 전시, 마을주민의 문화공간 등의 다목적 커뮤니티 센터라고 볼 수 있다. 자원봉사자에

의해 운영되고 있는 센터의 건축 역시 붉은 기와지붕이다. 비지터센터 내 전시공간을 이용, 마을의 역사와 문화, 그리고 마을을 주제로 한 그림, 자수, 공예품 등을 전시하고 있다.

죽부우체국(竹富郵便局)

민가형식으로 건축적 맥락을 같이 하고 있으며, 우체통은 원통형으로 마을경관을 고려하여 배치한 것이다.

민구관(民具館)

농사와 일상생활관련 도구들 민가형 민구관에서 상설전시하고 있다. 마을의 농경문화 이를 이해할 수 있다.

죽부정마찌나미관(竹富島まちなみ館)

주민들의 집회, 일상적 모임회의 등이 활발히 진행되는 공공장소이다.

전망대

평화의 종(平和の 鍾)

평야지역 마을만들기(平野地域 마을만들기-당진 올리고마을을 中心으로)

Building of Village in the Open Field focused on Oligo Maul in Dangjin

올리고마을은 행정구역상 당진시 신평면 초대2리 마을이다. 이 마을의 경제는 평야농촌마을로써 논농사와 밭농사에 의존하여 왔다. 마을 정면부에는 야산이 있어 마치 구릉지평야지역처럼 아름다운 경관을 형성하고 있는 것이 특징이다. 마을의 1차 산업 중심의 생산성은 중국산 농산물과 칠레, EU, 미국 등과의 FTA로 인한 농산물이 개방되면서 더욱 가격경쟁력을 잃어 마을 주민의 삶의 질은 떨어지고, 고령화는 가속화되어 마을의 생활환경조차 열악해졌다. 따라서 마을의 리더를 중심으로 마을만들기[66]를 시작하게 된 것이다.

마을만들기의 구성주체는 마을주민(추진위원회), 전문가와 컨설팅업체, 행정가(당진군 농업기술센터)가 삼위일체 되어 주민참여방식으로 마을을 만들어나갔다. 마을을 가장 잘 파악하고 있는 주민들로부터 마을의 고유한 자산들을 들추어내고, 마을의 브랜드를 정하였으며, 마을의 문화와 역사적 요소들을 발굴하였다. 마을의 투어를 위한 지도작성과 마을간판제작, 올리고마을전통문화체험관 디자인, 체험프로그램 개발 등 다양한 부분에서 주민들이 참여하여 올리고마을이라는 전통테마마을을 만들어내었다.

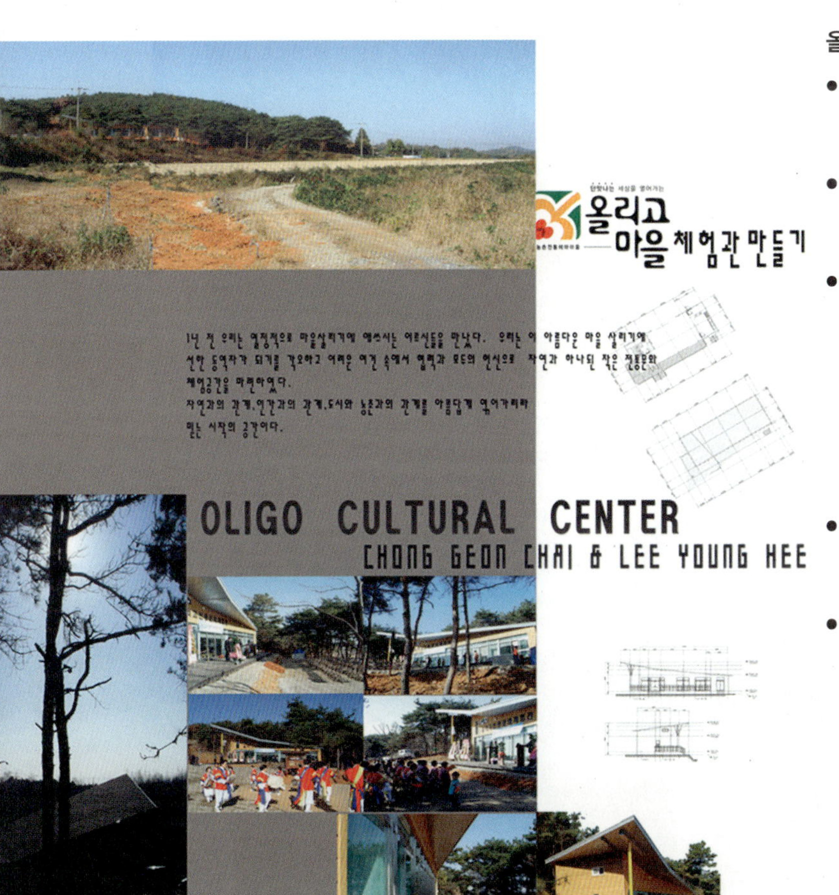

올리고 마을만들기의 과정

- 1단계: 마을만들기의 필요성에 대한 마을주민의 자발적 의식발상
- 2단계: 전통테마마을만들기 사업제안 및 선정
- 3단계: 마을주민(주체), 전문가 및 컨설팅회사, 행정가로 구성된 마을만들기 사업단이 발족되어 주민참여형 마을만들기 계획 및 디자인(하드웨어, 소프트웨어, 기타 인프라구축)
- 4단계: 전통테마마을사업 실시 및 활성화
- 5단계: 전통테마마을의 도약기진입

---

66   올리고 전통테마마을은 주민공모에 의해 작명되었고, 컨설팅업체가 주관하였다.

주민회의와 워크숍—주민참여로 디자인한 간판, 가로등, 사인류

마을계획과 도농교류 체험프로그램개발

주민참여마을만들기(마을지도 작성-자연경관 및 농업농촌경관의 현황과 실태조사, 주택 및 건축물조사, 역사와 문화유산 현황조사와 자산 발굴, 환경물 디자인, 마을공간의 Zoning계획 등 마을경관계획 등)

마을의 유·무형문화체험(도농교류, 학교와 연계실시, 동호회운영)

전문가와 대학생참여와 언론사참여 홍보계획

남서울대학교와 함께 전국공모전 출품, '올리고마을계획안', 지역 언론사 취재 및 홍보, 홈페이지 운영 등 다각적으로 접근

유휴시설의 재활용(遊休施設의 再活用)
Reusability of Unused Facilities

현재 생산중심의 1차 산업은 과거처럼 활발하지 못하는 상황에서 마을마다 나타나는 현상들은 고령화, 과소화, 유휴화(시설)이다. 마을에 휴경농지나, 특히 과소화지역의 경우 텅 빈 창고가 많이 발견된다는 것이다. 방치된 마을공동 창고 또는 공공시설물은 마을경관에 좋지 못한 영향을 주기 때문에 개선의 여지가 많다. 축사와 사일로, 마을공동창고, 마을회관 등의 유휴시설이 발생할 경우 이들을 증축 및 리모델링을 통하여 재활한다면 마을의 활성화는 물론 마을의 경관창출에 많은 도움이 될 것이다. 유휴시설의 활용 예를 살펴보면 다음과 같다.

유휴시설의 문화시설(미술관)로 재활용: 사에키 농장의 창고를 '창고겔러리(ギャラリー倉庫)'로

- 창고 겔러리 만들기: 창고가 있는 지역에는 유럽풍의 초원, 미술관, 판화미술관 등이 곳곳에 있어 도시민의 매력 있는 이주생활지역으로도 알려져 있다. 유휴창고의 활용계획은 이와 같은 주변의 문화적 맥락에서 접근하였다.
- 농장의 한 시설로써 위치설정: 농가 레스토랑과 연계하였다. 젊은 사람들이 부담없이 즐길 수 있는 카페 레스토랑을 목표하여 1987년부터 농가 레스토랑의 선구지로써 농장을 운영하여 왔고, 창고를 겔러리화하였다. 농장에는 귀농관, 유리공예조형물, 목조조명디자인, 경자동차전시, 정원디자인, 근대건축(주택), 농장과 축사 등의 경관적 요소 중의 한 부분으로 위치하고 있다.
- 지역의 미술관과 차별화된 전시특성개발: 기존 창고의 기능을 이해할 수 있도록 농기구, 짚단, 파빌리온(다실), 소품전시공간, 사무공간 등으로 공간을 구획, 전시특성을 갖게 하였다.
- 창고외부경관조성: 창고의 채색, 랜드스케이핑, 창고의 고유한 형태유지와 실내전시공간 디자인
- 전시작품의 내용: 본래적 창고의 기능을 살리고자 목장관련 주제의 작품을 상설전시 하고 있으며, 더불어 생활관련 주제의 미술(Fine Art)과 수공예 제품들을 기획전시 하고 있다.

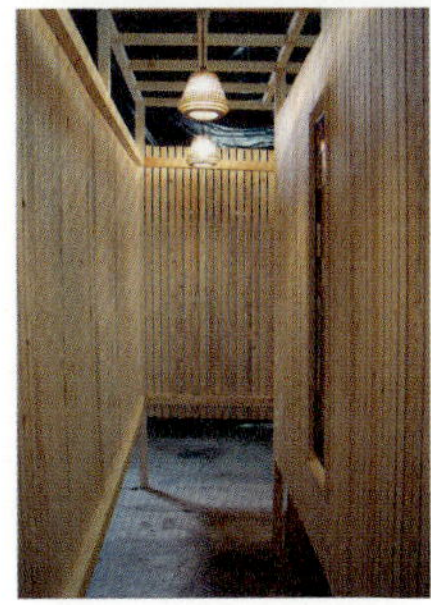

고고학적 발굴에 의한 전통마을재현(考古學的 發掘에 의한 傳統마을再現)
Reproduction of Traditional Village by Archeological Excavation

1) 마을재현의 역사적 의미

르네상스시대부터 유럽의 열강들은 본격적으로 신세계를 개척하고, 식민지를 건설하여 부를 축적하였다. 영국도 예외는 아니었다. 영국은 버지니아회사Virginia Company를 세우고 1607년, 처음으로 신세계에 정착하였는데 그 곳이 바로 현재, 버지니아주 제임스강변에 위치하고 있는 제임스포트James Fort이다.[67] 포트내의 주택은 목조흙집구조Mud and Stud Structure이었기 때문에 화재의 위험에 노출되어 피해가 많았다. 파우하탄 인디안Powhatan으로부터 담배농사를 배워 수출로 인한 경제적인 활력을 찾아 목책밖에도 새로운 주택들을 건립하고, 1660년대에는 벽돌조 주택을 지어 화재로부터 안전을 확보하기도 하였으나 1699년, 결국 1699년, 주도가 이웃 윌리암스버그Williamsburg로 옮겨지면서 마을이 점점 쇠퇴해갔다.

제임스타운Jamestown의 재현은 이와 같은 미국의 탄생지Birth Place of America라는 역사적 사실을 입증하고, 초기의 주거문화를 고증하여 1610년 당시의 제임스타운을 재현하였다. 새롭게 복원한 마을은 마을의 배치, 주택종류와 형태 및 구조형식, 당시의 생활상과 농사법 등 초기 정착자들의 생활과 전통문화를 사실적으로 체험하게 한다는 점에서 마을재현의 의미가 있다.

2) 제임스타운의 마을재생단계

- 1단계: 마을재생의 역사적 의미와 고고학적 발굴인식 (Birth Place로 역사와 문화를 알리고, 전통문화의 재현으로 교육하기)

1607년, 제임스포트(Jamesfort)는 목책내의 주거모습을 재현하고 있다. 파우하탄(Powhatan)인디언 주거지도 재현하고 있다. 당시 제임스타운 정착마을의 전통적 생활상을 이해할 수 있을 것이다.[68]

---

67   정착자들은 104명의 남성들과 소년들로만 결성되었었고, 그들은 외부의 침입을 막기 위해 목책을 설치하고 요새와 같은 마을을 만들었다.

68   Colonial National Historical Park_Jamestown

- 2단계: 고고학적 발굴과 고증 및 전시

- 3단계: 제임스타운, 파우하탄 인디언마을, 3척의 배 복원, 그리고 비지터센터 및 박물관 건립

- 4단계: 주민참여에 의한 역사문화관광프로그램 구성과 운영
- 5단계: 마을의 활성화와 교육적 효과의 극대화

3) 발굴현장과 고증과정을 거쳐 재현한 1610년경의 마을모습과 다양한 전통문화체험
   프로그램 운영

제임스포트 발굴현장

재현된 제임스타운의 전통문화체험현장

영국의 목구조흙집(Mud and Stud Structure) 평면, 입면, 실내엑소노메트릭[69]

---

69   Jamestowne Visitor Center

CO$_2$ 저감(低減)과 자연체험(自然體驗) 마을만들기

Building Village for Reducing of CO$_2$ and Natural Experience

세계의 선진 제국은 이미 저탄소 녹색도시계획을 수립하고 그 지원시스템도 다변화해가고 있다. 우리나라 역시 저탄소 녹색성장과 온실가스 감축이라는 과제를 안고 있다. 우리가 아직 의무감축국은 아니나 선제적으로 대응을 해나가야 하기 때문에 부담이 아닐 수 없다.

우리나라는 인구의 90%가 도시에서 거주하고 있다. 도시는 온실가스를 배출하는 거대공간으로 부문별로 보면 산업(52.0%), 건물(25.6%), 교통(16.7%), 기타(5.7%)를 차지하는 것으로 나타났다. 저탄소 녹색도시계획 프로그램의 선진사례로 미국의 일리노이주 앨번시는 온실가스감축을 위한 포괄적인 계획목표와 목표에 따른 대안별 토지이용, 교통설계를 동시에 달성하기 위해 다음과 같이 저탄소도시계획 시나리오를 제시하고 있다.[70]

- 에너지 소비량 구조와 탄소 배출량의 특성 분석
- 주변 도시권에 대한 토지이용 및 교통체계 현황 분석
- 측정 가능한 온실가스 감축 잠재력 목표 설정
- 토지이용 및 교통체계의 특성 분류 및 도면화

위 저탄소 녹색도시계획 시나리오는 INDEX프로그램을 활용하고 있는데 INDEX지표는 인구, 토지이용, 주택고용, 레크리에이션, 통행, 기후변화 등으로 구분하고 있다.

한편, Co$_2$가스배출량을 반감하기 위한 운동을 마을만들기와 연계하여 추진하는 토야호洞爺湖 지역온란화 대책 마찌쯔꾸리まちづくり의 내용을 보면 다음과 같다.

1) 선언

우리 토야코정(Toyako Town), 다테시(Date city), 소베츠정(Sobetsu town), 그리고 토요우라정(Toyoura Town)에서는 민간사업자와 협력하여 지구온란화방지에 모든 노력을 다하고 있다.[71]

2) 구체적인 실천내용

- 설장야채저장(눈에너지 이용, 토야코정)
- SVF디젤차(폐식용유 이용, 토야코정)
- 펠렛스토브(목질펠렛 이용, 토야코정, 소베츠정)
- 온천히트펌프(온천샘원열 이용, 소베츠정)
- 펠렛제조시설(목질펠렛 제조, 다테시)
- 농업하우스용 탄여열 이용(탄묵(炭墨)여열 이용, 소베츠정)

---

70 왕광익 외, 『저탄소 녹색도시계획 수립을 위한 지원시스템』, 국토연구원, pp.2~5.
71 環境省의 環境과 經濟의 好循環의 마찌모델 事業에 따라 實施, 洞爺湖 地域溫暖化 對策 마찌쯔꾸리(まちづくり)協議會

- BDF제조시설(폐식용유 연료 제조, 다테시)
- 농업용하우스 펠렛보일러(목질펠렛 이용, 타테시)
- 호수, 온천배수이용 냉난방시설(호수, 온천배수 이용, 토야코정)

Co₂ 저감을 위한 주거단지 아이디어, Panasonic

마을 중앙의 분수대 주변으로 태양광에 의한 LED조명시설이 계획되어져 있다. 주택의 형태와 커뮤니티의 스카이라인이 가이드라인에 의해 설계되어 있으며, 가로수와 녹지공간을 확보하므로 전체적으로 커뮤니티 환경을 양호하게 하였다.

Co₂ 저감 마찌쯔꾸리 지역의 자연체험Map, Toyako Town

CO_2 를 50%이하로 저감하는 청정한 지역의 자연환경을 강조하고 있다. 4계절 자연 체험프로그램을 개발하여 방문객들에게 지역의 홍보와 자연에 대한 교육을 제공하고 있다.

움직이는 커뮤니티
Mobile Community

움직이는 주택은 새로운 건축이론이 아니다. 1920년대말 다이막시온Dymaxion, Dy-dynamic과 Max-maximum과 Ion-tension의 합성어 하우스House이론을 제시한 벅크 민트터퓰러Buckminster Fuller는 비행기격납고와 같은 거대 구조물의 필요와 헬리콥터로 '집을 옮길 수 있다'는 기술적 사고에서 나왔다. Futuro House는 비행접시처럼 산에나 옥상 등 어디에나 움직이는 집을 지을 수 있다는 실험적 건축을 실현하였는데 현대와 같이 다원적 여가활동의 삶과 기후변화로 인한 예측불허의 삶 속에서 움직이는 주택의 수요는 더욱 강조될 것으로 예상된다.

특히, 자연재해로 인한 임시구호주택이라든가 도시 저소득층을 위한 모바일 하우스Mobile House, 세컨드 하우스Second House, 심지어 캠핑카, 그리고 단기간의 텐트구조물 등은 현재, 우리 시대에 존재하는 움직이는 주택들이다. 이들은 영구주택이라기 보다는 상황에 따라 요구되기 때문에 크기의 제한과 기능의 단순성과 임시성이 강하나 반영구주택으로 계획되기도 한다. 모바일 커뮤니티Mobile Community에 대한 필요성과 수용에 대한 인식이 요구된다.

Mobile Home, U.S.A.

모바일 주택은 프리패브 이동식 임시주택으로 미국에서는 흔히 볼 수 있는 도시주거 중의 하나이며, 도시근교지역에서도 모바일주거단지를 형성하고 있는 사례를 적지 않게 발견할 수 있다. 주로 긴 트럭에 적재하여 이동하지만 바퀴를 달라 견인하기도 한다. 도로 폭 2.6m를 벗어날 경우 'Oversize Load'표시판을 부착하고 안내 차량의 도움을 받게 된다. 모바일 홈의 장점은 이동이 편리하고 단기간에 주거 기능을 확보한다는 점이다. 그러나 도시경관과 주거의 질을 고려할 때 영구주택으로써의 개념으로 고착화되면 좋지 않다.

전원지역의 모바일 홈, Virginia

컨테이너 하우스이지만 전원 생활상을 고려하여 주차장과 외부계단이나 식재 등을 조성하였다. 실내공간 역시 필요 실들을 적절히 구획하여 활용하고, 냉난방시설을 포함한 기본적인 설비를 갖추고 있어 생활에는 전혀 지장이 없다. 실제로 커뮤니티를 형성하고, 생활에 대응하여 공간을 장식하며, 생활하는 가정들도 적지 않다. 그러나 거주자의 경제적 여건이 향상되면 단독주택(Single House)으로 옮기는 것으로 보아 영구주택으로 보기가 어렵다.

마을 공동화장실 만들기와 주민참여(마을 公同化粧室 만들기와 住民參與)

Building of Public Toilet with Village People

공중화장실의 종류는 마을공동화장실로부터 가로변의 이동식화장실까지 다종다양하다. 농촌지역에 있어서 마을공동화장실은 대부분 마을회관에 부속되어 있지만 화장실이 부족한 인도네시아의 농촌마을의 경우 마을의 중심부에 마을공동화장실(MCK, 엠쩨까는 용변뿐만 아니라 세수, 세족, 샤워 등 복합기능을 갖고 있음)을 건립하여 공유한다. 주민들은 무솔라(사원)에 들어가기 전 MCK에서 정결케 하는 관습이 있다. 따라서 마을의 중심시설이 아닐 수 없다.

한편, 도시지역 공중화장실의 경우 대중의 이용빈도가 높은 이동통로나 광장에 마련되어 있어 보행자의 편리를 도모하고 있는데, 우리나라는 대체로 공중화장실이 잘 정비되어 있다. 지자체 마다 청결하고 명품화장실로 디자인하여 지역을 기억하게 하는 사례도 많다.

주민참여 디자인으로 시공한 인도네시아 데사 뿌르보왕이Desa Purobowngi사례를 보면 다음과 같다.

1) MCK 주민참여디자인과 건축과정

기획 및 주민회의(Project and Meeting with Residents) ⇨ 사용범위와 규모결정(Survey & Analysis) ⇨ 기본설계와 실시설계(Design of Public Toilet with People) ⇨ 건축시공(Construction)

2) 디자인과정(Design Process)

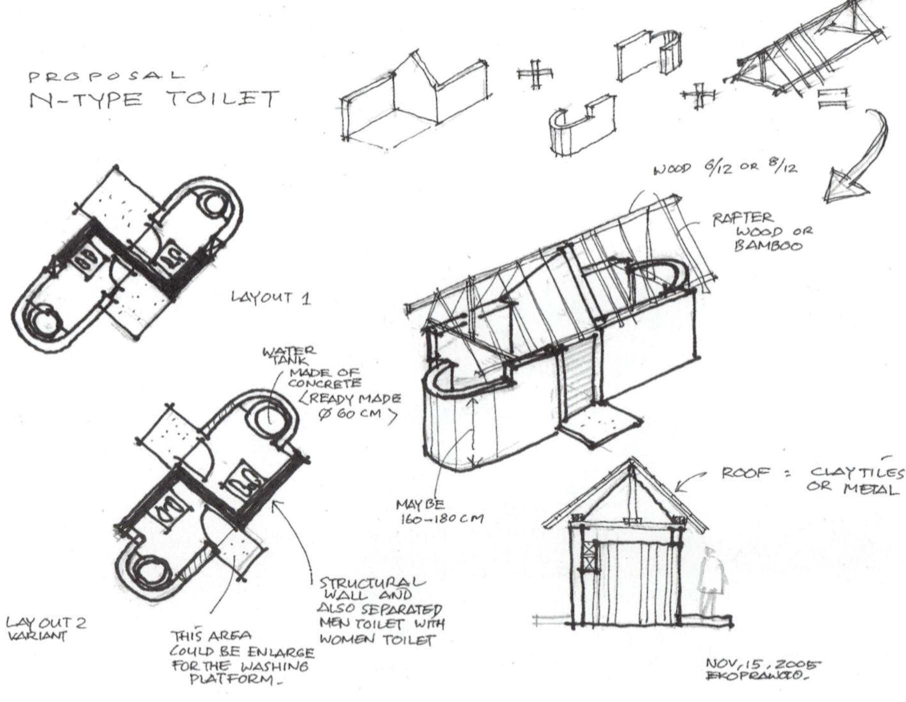

A Design Process of People Participation

Designed by Eko agus Prawoto, DTWC와 NSU 협력관계

3) 건축시공 과정(Construction Process)

기초공사

벽체 및 창호공사

목공사

지붕공사

N−Type완성

현판식과 주민축제, U−Type에서

참고문헌

국내문헌 및 참고자료

- 대한건축학회 편, 『주거론』, 기문당, 2010.
- 최종현 외 1인 역, 『도시건축의 역사』(Sibyl Moholy-Nagy 저, *Matrix of Man*), 세진사, 1990.
- 이명규 역, 『근대도시』(Francoise Choay 저, *The Modern City: Planning in the 19th Century*), 세진사, 1996.
- 윤장섭, 『서양근대건축사』, 기문당, 2004.
- 한정섭 역, 『Site Planning』(Kevin Lynch & Gary Hack), 도서출판 집문사, 1987.
- 한국문화예술진흥원 문화발전연구소, 『도시문화환경 개선방안 연구』, 1992.
- 시장경영진흥원 통계자료, 2011.
- 송진희, 『문화도시경쟁력과 디자인』, 기문당, 2007.
- 한영호 외 1인, 『현대 도시환경 디자인』, 기문당, 2006.
- 정무웅 외 8인, 『건축 디자인과 인간행태심리』, 기문당, 2009.
- 대통령자문선진화위원회, 『심포지움발표자료』, 2007.
- 한국농어촌공사, 『농어촌표준주택』설계도서.
- 부안군청, 『부안군경관주택표준설계도서』, 2003.
- 建築, 『Principles and Purposes of Participatory Design』, 大韓建築學會誌, 2007.
- 왕광익 외, 『저탄소 녹색도시계획 수립을 위한 지원시스템』, 국토연구원.
- 포항산업과학연구원, 『농어촌주택 실태조사 연구』, 2002.
- 정건채, 『일본 마쩨나미 보존지구 타케토미마을(竹富島)의 경관활용실태에 관한 사례연구』, 韓國農村建築學會論文集 제10권 3호 통권30호, 2008.
- 정건채, 『미국동부 카운티 내 지역교회에 관한 건축적 특성 연구』, 韓國農村建築學會論文集 제13권 2호 통권 41호, 2011.
- 정건채, 『18세기 후반 미국의 농가구조에 관한 연구』, 韓國農村建築學會 春季學術發表論文集, 2011.
- 정건채 외 1인, 『미국 제임스타운 정착마을의 초기 주거형식과 체험프로그램 연구』, 대한건축학회 논문집, 제27권 제5호, 2011.
- 정건채, 『미국 지역교회의 배치와 경관특성 연구』, 시스템건축도시환경연구소 논문집, 3권 1호, 2011.
- 정건채 외 2인 역, 『건축 · 도시환경디자인』, 세진사, 1996.

외국문헌 및 참고자료

- Kevin Lynch, 『The Image of the City』, The M.I.T. Press, 1960.
- 日本都市計劃學會編, 『近代都市計劃の 百年と その 未來』, Shokokusa, 1988.
- 日本建築學會 編, 『空間學事典』, 井上書院, 1996.
- Onishi Takashi, 『都市再生の デザイン』, 有斐閣, 2003.
- 이이다시 박물관홍보물
- 쯔마고(妻籠), 나가노(長野)현 마을의 민박안내지도
- 琉球新報, 1999.
- 竹富町民憲章, 1986.
- Colonial National Historical Park_Jamestown
- Masaru Sato, 『Community Design』(株式會社グラフィック社), 1992.

- Thomas Fisher, 『Architectural Design and Ethics』, Architectural Press, 2008.
- Merriam-Webster's Dictionary and Thesaurus, 2006.
- City of New Orleans, 02-. 2 City of New Orleans HDLC - Holy Cross Historic District, 2011.
- James L. Creighton, 『The Public Participation』(John Wilsey & Sons, Inc, *Modified Orbits of Participation*, 2005.
- Cache Valley Visitors Bureau, 『Cache Valley's Historic Homes』, 2010.
- The Anaheim Colony, 『Vision, Principles and Design Guides』, 2003.
- Gerald Hodge, 『Planning Canadian Communities_An Introduction to the Principles, Pratice, and Participants』, ITP International Thomson Publishing, 1998.
- Robert Fishman, 『Urban Utopias in The Twentieth Century』(Ebenezer Howard, Frank Lloyd Wright, and Le Corbusier), Basic Books, Inc., Publishers, New York, 1977.

인터넷 자료

- http://archi.com
- http://dictionary.reference.com/browse
- http://en.wikipedia.org/wiki/Environmental_art
- http://dictionary.reference.com
- http://en.wikipedia.org/wiki/Kairos
- http://www.jamestown-yorktown.state.va.us/employment/index.htm
- http://www.happyvil.net
- http://www.gumiri.com
- http://www.ekr.or.kr

정건채(鄭建采), Geon Chai Chong

남서울대학교 건축학과 교수
사회봉사지원센터 소장

학력

한양대학교 대학원 건축공학과 졸업(1995, 박사)
한양대학교 대학원 건축공학과 졸업(1987, 석사)
원광대학교 건축공학과 졸업(1985, 학사)

주요경력

남서울대학교 건축학과 교수, (1998~)
Utah State University, 방문교수(2009~2010)
국립농업과학원, 농촌마을 리모델링 전문가(2012~)
충남도청, 경관심의위원(2012~)
충남도청, 정책자문위원(2011~)
한국농촌건축학회, 논문편집위원장(2011~)
인천광역시, 건설기술심의위원(2008~2010)
농림수산식품부, 농어촌뉴타운 중앙자문위원(2009)
한국농어촌공사, 농촌경관주택표준도설계 자문위원(2008~2009)
대한건축학회, 상임논문편집위원(2008~2009)
평택시청, 건축위원(2007~2009)
천안시청, 공동주택관리지원심사위원(2006~2008)
국제 주택 및 마을디자인전, 공동추진위원장(2005~)
대한민국 건축대전, 초대작가(2002, 2004, 2007)
정읍시청, 도시계획위원(1997~1999)

작품 및 저서(역서)

주거론_대한건축학회 건축텍스트북_공저, 기문당(2010)
한국기독교예술원_설계, 김포, PLUS(2009)
예향교회_설계, 김포, PLUS(2009)
Fisher House_설계, 강화, 창후교회(2008)
녹동귀농마을경관계획, 상주, 농어촌진흥공사(2006)
Piano House_설계, 서울, 이상건축(2004)
부안군 주택표준_설계, 부안, 부안군청(2003)
건축·도시환경디자인_공역, 세진사(1996)

언론출연 및 특강

TV정책포커스, K-TV, 대한적십자사 창립 100주년기념토론(2005)
싱싱 일요일, KBS2(2005)
이웃사촌, KBS2(2005)
The Forum of USU, 'Korean Culture Mirrored on Architecture and Landscape', Utah State University(2010)